The Application of High Magnetic Field
in Material Preparation

强磁场
在材料制备中的应用

晋芳伟 吉学英 夏程 ◎ 著

U0395383

河海大学出版社
HOHAI UNIVERSITY PRESS

·南京·

图书在版编目(CIP)数据

强磁场在材料制备中的应用 / 晋芳伟，吉学英，夏
程著.-- 南京 ：河海大学出版社，2024. 12. -- ISBN
978-7-5630-9377-9

Ⅰ. O441.4；TB3

中国国家版本馆 CIP 数据核字第 2024A9E319 号

书　名	强磁场在材料制备中的应用	
	QIANG CICHANG ZAI CAILIAO ZHIBEI ZHONG DE YINGYONG	
书　号	ISBN 978-7-5630-9377-9	
责任编辑	齐　岩	
文字编辑	黄　晶	
特约校对	董　涛	
装帧设计	江南雨韵	
出版发行	河海大学出版社	
地　址	南京市西康路 1 号(邮编：210098)	
电　话	(025)83737852(总编室)　　(025)83722833(营销部)	
	(025)83787786(编辑部)	
经　销	江苏省新华发行集团有限公司	
排　版	南京布克文化发展有限公司	
印　刷	广东虎彩云印刷有限公司	
开　本	710 毫米×1000 毫米　1/16	
印　张	12.25	
字　数	231 千字	
版　次	2024 年 12 月第 1 版	
印　次	2024 年 12 月第 1 次印刷	
定　价	78.00 元	

前言

　　强磁场是制备新材料的有力工具之一。在EPM(Electromagnetic Processing of Materials)领域,强磁场在材料研究中的应用日趋广泛,已逐渐发展成为一个新的分支,即"强磁场材料科学"。强磁场作为一种冷场,和物质的相互作用主要表现为两种形式:一种是能量的无接触传输,另一种是"力"的作用。物质在磁场中获取的能量有两种表现形式,一种是按经典电磁理论计算的磁化能,另一种是按近代物理理论,即原子磁矩和磁场偶合获得的附加能。物质在磁场中受到的力,除洛伦兹力,其他可统称为磁场力或磁力(magnetic forces),分为两种,即均匀和非均匀磁场力。其中,均匀磁场力又分为两类,一类是物质之间的相互排斥或吸引力,另一类是由于物质密度(或溶液浓度)不均匀而产生的,即磁化率力。非均匀磁化力也叫梯度磁场力或磁力。迄今为止,在强磁场材料科学中发现的多数"强磁现象",均可在上述能量传输(经典电磁理论)及力作用框架下进行解释,如磁取向(或织构)、磁悬浮、磁分离以及Moses效应等。目前,强磁场条件下材料的可控制备,材料的生长过程、最终形貌、排列方式和组织结构等均受到强磁场的显著影响,其影响机制的解释仍需从本书归纳的磁吉布斯自由能、磁化率各向异性、磁畴结构等方面着手。

　　本书由贵州工程应用技术学院高层次人才科研基金(2018008)资助出版。时任科研助理夏程做了资料收集、整理等初稿准备工作,助理研究员吉学英做了校订等工作,在此一并致谢。

　　限于时间和精力,疏漏之处在所难免,欢迎读者批评指正。

著者

2024年9月

目录

第一章 强磁场材料科学概述

1.1 强磁场应用概述

随着现代科学技术的快速发展,各行各业对材料的要求越来越高。在材料科学领域,对材料凝固过程的控制已成为提高材料综合性能和开发新材料的重要途径之一。如何提高和改善材料的性能并获得特殊功能的新型材料对材料学领域尤为重要,将电磁场引入材料制备过程是一个重要的工艺手段。

磁场对金属及合金的加工过程有很大影响,在材料处理时往往能获得比常规处理更优异的性能,于是便发展了一种专门的加工方式,即电磁加工。材料电磁加工是利用电磁力所具有的形状控制、流体驱动、悬浮、喷溅、发热、检测以及凝固组织控制等功能来解决传统工艺难以解决的新技术研究领域,同时也是磁流体力学和材料加工技术的交叉学科。由于电磁能量具有清洁无污染和不直接接触材料等优点,如今已成为材料科学领域的一项重要研究内容。材料电磁加工使用的电磁场主要有如下几种:①由常规线圈产生的直流磁场,其主要作用是控制液体金属的流动,如抑制中间包内钢液的紊流或抑制连铸结晶器内液体流动来控制电磁制动进而改善冶金质量;②由超导线圈产生的高强度的直流磁场,其主要用于控制液态金属的流动,如钢水在连铸过程中的流动,特别是在高速连铸中的流动,其作用是控制凝固过程中液态金属的形核、生长等;③频率从几赫兹到几十兆赫兹的交流磁场,其被广泛应用于材料的加工中,如感应加热、电磁搅拌、电磁压力和电磁传输等过程,它是控制液体金属传输有力的手段;④其他特殊磁场,例如移动磁场、脉冲磁场、变幅磁场等,主要用于高效、节能等新技术工艺的开发。在有些工艺中,上述各种电场或者磁场是单独使用的,在另外一些工艺中,需要几种磁场或磁场和电场共同使用[1]。

众所周知,所有的物质都具有磁性。磁性的产生源于电子的轨道和自旋运动及电子之间的交互作用。按照物质对磁场的表现行为,它们可以分为五类:抗磁性、顺磁性、铁磁性、反铁磁性和亚铁磁性。其中,铁磁性和亚铁磁性材料通常被认为是磁性材料,而其他三种由于磁性很弱被称为非磁性材料。在超导磁铁技术成熟之前,普遍应用于电磁材料制备的是普通直流磁场。由于磁场强度低,它对材料的影响主要集中在磁性材料上,而对非磁性材料,也仅限于对材料的宏观作用,如洛伦兹力。20 世纪 80 年代,随着低温超导技术的日趋成熟,超导直流强磁场的广泛应用成为可能,这极大地推动了 EPM(材料电磁过程)的发展。不同于普通直流磁场的宏观作用力,强磁场能够将高强度的能量无接触地传递并作用于物质的微观范围内,如改变原子的排列、匹配和迁移等行为,从而对材料的组织和性能产生重要的影响。强磁场的诞生,使 EPM 在非磁性材料方面的发展产生了革命性的变化。它使得非磁性材料在普通直流磁场下受到的一般可忽略的磁化力得到极大加强,从而能够对非磁性材料的组织结构产生重大影响。磁化力一般分为两种,一种是使物质旋转到磁场某一方向的“取向”磁化力,类似于指南针指向北极,另外一种是吸引铁磁性和顺磁性物质或排斥抗磁性物质的“梯度”磁化力。前者主要应用于晶体排列,而后者则主要应用于磁分离、磁悬浮和材料磁化率的测量上。强磁场已经广泛应用于各种材料电磁过程中,如合金的凝固、相变、气相沉积、电沉积和电磁流铸等,并已经逐渐发展成为一个新的科学分支,称为“强磁场材料科学”[2]。

强磁场可将普通直流磁场中微弱的磁化力进行强化,通过施加强磁场可以将弱磁性物质在磁场中的特性表现出来。强磁场可以将高强度的能量通过无接触的方式传递并作用于物质的微观范围内,从而对材料的组织和性能产生重要影响。此外,强磁场还是核聚变和高能物理研究的前提。因此,超强磁场的建立往往成为衡量一个国家工业、技术实力的标准之一。

1.2　磁场基本知识

1.2.1　磁场的分类

磁场分为静磁场和动磁场。恒磁场又称为静磁场;而交变磁场、脉动磁场和脉冲磁场属于动磁场。磁场空间各处的磁场强度相等或大致相等的称为均匀磁场,否则就称为非均匀磁场。离开磁极表面越远,磁场越弱,磁场强度呈梯度变化。

(1)恒定磁场:磁场强度和方向保持不变的磁场称为恒定磁场或恒磁场,如铁磁片和通以直流电的电磁铁所产生的磁场。

(2)交变磁场:磁场强度和方向在规律变化的磁场,如工频磁疗机和异极旋转磁疗器产生的磁场。

(3)脉动磁场:磁场强度有规律变化而磁场方向不发生变化的磁场,如同极旋转磁疗器通过脉动直流电磁铁产生的磁场。

(4)脉冲磁场:用间歇振荡器产生间歇脉冲电流,将这种电流通入电磁铁的线圈即可产生各种形状的脉冲磁场。脉冲磁场的特点是间歇式出现磁场,磁场的变化频率、波形和峰值可根据需要进行调节。

磁场作用实际上是一种能量的传递过程,这一特点与传统的能量场(如温度、应力场等)类似。但与传统的能量场相变作用机理又有所不同,磁场通过影响物质中电子的运动状态使相变发生变化。磁场也像温度和电场一样是一个基本的热力学变量,同样也可以用它来探究相平衡和相变。尤其在考虑电子集体行为的情况下,以一个或多个变量调整电子基态的能量,对于理解决定宏观特性的相互作用因子的平衡是至关重要的。然而,当强磁场产生的磁能接近于热能和化学能时,这对孤立原子和分子也是正确的。磁场是一种敏感的无破坏性的微扰,它可以作用于电子的相和轨道,在磁通量子的长度范围内起作用。强磁场的作用是改变一个系统的物理状态,即改变角动量(自选)和带电粒子的轨道运动,因此,也就改变了一个物理系统的状态。磁场可以产生新的物理环境,并导致新的特性,而这种新的物理环境和新的物理特性在没有磁场时是不存在的。低温也能导致新的物理状态,如超导电性和相变,但强磁场不同于低温,它比低温更有效,这是因为磁场使带电粒子和磁性粒子的运动和能量子化,并破坏时间反演对称性,使它们具有更独特的性质。强磁场可以在保持晶体结构不变的情况下改变动量空间的对称性,这对固体的能带结构以及元激发及其相互作用的研究是非常重要的。固体复杂的费米面结构正是利用强磁场使得电子和空穴在特定方向上的自由运动从而导致磁化和磁阻的振荡这一原理而得以证实的。

1.2.2 物质的磁性

磁性是物质的基本属性之一。物质的磁性来源于原子的磁矩,原子的磁矩来自原子中电子和原子核的磁矩。原子核的磁矩远小于电子的磁矩,故可以忽略。电子的磁矩由轨道磁矩和自旋磁矩两部分组成。从实用的观点来说,物质可以分为强磁性和弱磁性。通常,物质的磁性按照磁结构可分为有序排列和无序排列两大类。

(1) 有序排列

①强磁性

即使不加外磁场,在磁体内部,自旋磁矩也会做规则排列,自发地形成磁化,这种性能叫作强磁性,这种磁化叫自发磁化。强磁性体内自发磁化随位置而改变方向,在外部磁场作用下,磁化达到饱和,具有剩余磁化强度,显示磁滞现象等所谓的技术磁化过程。

a. 铁磁性。在一定条件下,原子中未成对抵消的电子自旋之间存在强的交换相互作用,这种具有量子力学性质的交换力使原子磁矩有序排列形成自发磁化(而这种自发磁化又局限在磁畴中,其尺寸在 $10^{-7} \sim 10^{-5}$ m 的范围内),形成在能量上更为有利的磁有序状态,故能够获得远远大于顺磁性的磁矩,称为铁磁性。铁磁性与顺磁性的根本区别在于一定温度(居里温度)下铁磁性物质存在自发磁化。铁磁性物质的磁化率为正值。

b. 亚铁磁性。亚铁磁性物质的自旋可以反平行排列,但由于正方向自旋的数目或大小超过反方向自旋,因而发生磁化产生差额。在无外加磁场时,由于相邻原子间电子的交换作用或其他相互作用,使它们的磁矩在克服热运动的影响后,处于部分抵消的有序排列状态。当施加外磁场后,其磁化强度随外磁场的变化与铁磁性物质相似。亚铁磁性与反铁磁性的物理本质相同,只是亚铁磁体中相反排列的磁矩不等量,即其反平行的自旋磁矩大小不等,因而存在部分抵消不尽的自发磁矩,类似于铁磁体。亚铁磁性的宏观磁性与铁磁性相同,仅仅是磁化率的数量级稍低一些。

c. 寄生铁磁性。因为寄生铁磁性的磁化曲线是在饱和型的磁化曲线上加上磁化率一定的磁化曲线,铁磁性和反铁磁性共存,而且两者的相变温度一致,给人的感觉就好像是铁磁性寄生于反铁磁性之中,所以叫寄生铁磁性,有时也把这种磁性叫弱铁磁性。

②反铁磁性

反铁磁性物质磁矩有序自旋排列,但不发生自发磁化。因为它在外部磁场作用下只能被弱磁化,所以也可以把它划归为弱磁性一类。但是在自旋之间,有着很强的负的交换相互作用,使自旋形成规则排列。反铁磁性物质在奈耳点温度以下具有磁有序结构,但属于弱磁性物质,其磁化率约为 $10^{-5} \sim 10^{-4}$,在奈耳点温度以上为顺磁性。

（2）无序排列

即不发生自旋有序排列的磁性。

①顺磁性

当原子、离子和分子的电子壳层中具有奇数个电子，即电子体系的总自旋不为零时，这些粒子就具有固有磁矩 m。在外磁场 H_{ex} 作用下，获得静磁能量（$-\mu_0 m H_{ex}\cos\theta$，其中 μ_0 是真空磁导率，θ 是磁矩矢量处于平衡态时相对于外磁场矢量的夹角）。当静磁能量绝对值大于平均热扰动能量 kT（其中 k 为玻耳兹曼常数，T 是热力学温度）时，这些粒子的磁矩克服热扰动，倾向于平行外磁场方向取向，沿外磁场方向有弱的净磁矩，对外表现出顺磁性。但即使在较低温度，这些粒子的磁矩在磁场中所具有的能量 $\mu_B H_{ex}$ 也远小于 kT。可见顺磁性是具有固有磁矩的粒子在外磁场作用下克服热扰动取向的结果。

②抗磁性

所有物质都具有抗磁性。当原子中各电子壳内电子成对出现时，电子自旋和轨道的磁效应相互抵消，如果受到外磁场作用，这种相互抵消状态被破坏，显示与外磁场反向平行的感生净磁矩，对外表现出抗磁性。可见抗磁效应是物质中运动着的电子在外磁场作用下受电磁感应而表现出的特性。抗磁物质的磁化率均为负值。

弱磁性有抗磁性和顺磁性两种。强磁性根据自发磁化方式的不同，又可分为铁磁性、反铁磁性、亚铁磁性和螺旋磁性；除反铁磁性外，其他强磁性通常广义地称为铁磁性。总之，物质的磁性是多种磁效应的综合表现，例如物质的顺磁性实际上是占优势的顺磁性与弱的抗磁性两者之差的效应[3]。

1.2.3　电磁场的功能

材料的电磁过程按其功能可分为形状控制、驱动液体、抑制流动、悬浮、雾化、热量生成、探测、精炼、凝固组织的控制及晶体取向和迁移等功能，具体如下[4]：

（1）形状控制功能。形状控制功能可分为利用高频交变磁场和直流磁场两类。前者在铝、铜及其合金的领域内实现了电磁铸造，冷态坩埚，熔化金属的薄膜，以及悬浮熔炼和熔化金属的喷射变形；后者主要用于有直流磁场梯度的地方，可以使熔化金属的喷射流扁平化。由于直流磁场几乎不伴有发热现象，因此适用于金属的凝固过程，而且相对于高频交变磁场而言，利用直流磁场还可能使设备小型化，大大降低成本。

（2）电磁搅拌功能。电磁搅拌是对金属凝固过程进行控制的一种有效手段,在制取半固态浆料方面获得了广泛应用。电磁搅拌对金属凝固组织的改变主要表现在改变柱状晶生长方向、促进柱状晶向等轴晶转变、细化宏观组织、改变初生相形貌和尺寸、改变共晶组织形貌、减小枝晶臂间距等方面。

电磁复合铸造是利用共晶合金在电磁搅拌作用下产生分离共晶的原理,与连续铸造技术相结合,可以开发出内表面分离共晶层为金属间化合物的铸件。利用该技术生产的铸件基本不需要二次加工,内表面分离层自动生成,与基体相容性良好,整个铸件组织均匀,是优良的功能材料。目前,已经开发出分离层为Al-Ni、Al-Mn 和 Al-Fe 等金属间化合物的管件。

(3)电磁制动功能。单晶硅的拉制过程中,在熔池中加直流磁场,设法控制其对流和控制氧气含量的卓克拉尔斯基磁力法,以及在钢的板坯连铸中,为提高铸坯表面质量而抑制喷嘴出口弯月面波动的电磁制动法,均利用了此功能。

(4)磁悬浮功能。在相互正交的方向将直流电流和直流磁场加到金属上,可使金属悬浮起来。磁悬浮列车以及水平式电磁铸造中对喷嘴流出的熔融金属施加相互正交的电流和磁场,使之在悬浮状态下冷却凝固,均是该功能的具体体现和应用。

(5)雾化功能。在从细小喷嘴射出的熔化金属和喷嘴对面的电极之间施加一定的电场,而在与电场正交的方向施加直流磁场;通电的一瞬间,喷嘴和电极间的熔化金属内就会产生电磁体积力,使熔化金属雾化,导致电流暂时被切断;而后流出的金属使电流重新接通,并同样被雾化,这样可以使这一过程反复进行下去。这种方法可以很好地控制金属的粒度及其分布。

(6)升温功能。对熔化金属直接通电流和施加中、高频磁场使金属内产生感生电流,可以加热和熔化金属。这个功能主要应用于感应炉。

(7)检测流速的功能。根据楞次定律研制出的流速传感器,其原理是将导线布置到小型强磁铁上,当电流接通时产生感应电流,测得感应电流大小即可推算出流体的流速。用此方法测得的流速精度很高,不过在居里温度以上此方法无效。

(8)复合精炼功能。在 RH(钢液真空循环处理)脱气装置中,可以利用气泡泵作用产生循环运动而脱气。如果在真空室内进一步采用瞬态放电(电火花)可以使熔化金属飞散开来,也可达到脱气的目的,此方法就是电磁精炼脱气。这种工艺能大幅度地简化真空设备,而且,在瞬时放电作用下产生的很多点状火点也可促使活泼性物质挥发(点状精炼)。

(9)组织细化功能。利用电磁场对金属凝固组织的控制主要表现在电磁细化方面,电磁细化分为电场细化和磁场细化两大类。电场细化是指在凝固过程中施加电场,使金属或合金材料在电场中凝固的方法。此法可以获得有别于常规铸造条件下的凝固组织和性能的铸锭。磁场细化是指使金属和合金在磁场中凝固的方法,利用了合金熔体与磁场的相互作用的原理,使熔体在电磁力的作用下产生振动和发生对流以促进形核和等轴晶的形成,从而达到细化凝固组织的目的。可以在金属凝固过程中单独施加电场或磁场,也可以同时施加稳恒磁场和交变磁场,或者同时施加电流和磁场等。

（10）晶体取向和迁移功能。在合金的凝固、相变、气相沉积、电镀、电磁流铸等过程中施加强磁场,可以使晶体的取向发生改变,从而使其磁化能处于最低状态。在凝固过程中,如果施加梯度磁场,晶体在磁化力作用下可以发生迁移。

1.3 强磁场的概念

1.3.1 强磁场的基本理论知识

磁场和电场具有紧密联系,二者相互作用产生了电磁场。电流、运动的电荷、变化的电场附近都有磁场的存在。地球本身也是一个磁场,称其为地磁场。地磁场在地球周围形成的磁力圈有效地屏蔽太阳产生的太阳风(带电粒子流)和宇宙射线对地球的破坏,保护着地球上的生命。地磁场还是许多动物辨识方向的指标,如信鸽就是利用头部的生物磁体在地磁场帮助下进行方向识别和远距离迁徙,以及利用地磁场来进行导航等[5]。

相对于磁场强度较低的地磁场,强磁场是一种极端的电磁场形态。强磁场的概念随着相关技术的发展不断更新。过去人们一般将实验室电磁铁不能达到的磁场,通常指磁场强度超过 2 T 的磁场,称之为强磁场。2004 年国际纯粹与应用物理学联合会建议将场强超过 20 T 的磁场定义为强磁场。随着强磁场技术和科学研究的发展,人们对强磁场的概念有了新的定义:强磁场是指用于特定用途的利用所有技术和能力目前所能获得的最高磁场。例如:强磁场可以指当前用于科学实验的最高达 45 T 的稳态磁场;也可以指孔径可容纳一人的用于磁共振成像(MRI)的超导磁体产生的 8 T 磁场;还可以指孔径较小、而强度达到 20 T 的用于核磁共振(NMR)的超导磁体产生的磁场。针对不同的用途使用不同的磁体技术,相应的"强磁场"的定义也不同[6]。

强磁场是利用电流通过螺线圈在线圈内产生的,根据磁场装置的寿命可以分为破坏性强磁场和非破坏性强磁场。破坏性强磁场一般采用炸药等快速压缩线圈产生超强磁场,其场强可以做到数百特斯拉,但磁场脉冲结束后磁体线圈即被破坏。非破坏性强磁场的磁体是可以重复使用的,根据其持续时间的长短可以分为稳态强磁场和脉冲强磁场,其中稳态场的磁场方向是固定不变的,而脉冲强磁场的方向是随时间周期性变化的。脉冲强磁场一般由电容器、电池或发电机等储能电源供电,也有个别实验室采用电感储能型电源等供电;其脉宽一般在几十到数百毫秒量级,场强目前已经超过了 100 T;脉冲强磁场具有场强高、对电网干扰小、运行灵活方便且投资少的优点,但绝大多数情况下脉冲强磁场的波形是不可控的且脉宽较短。脉冲强磁场的这些缺点使一些重要的科学实验难以顺利开展,如核磁共振实验、材料比热测试等。稳态强磁场则正好克服了脉冲强磁场的缺点,其能长时间提供一个十分稳定的磁场给科学家进行各种实验,且不必像脉冲强磁场这样每放一个脉冲过后还需要花费数小时等待磁体冷却才能进行下一次实验。稳态强磁场一般由电网等供电,其磁体有特殊的散热设计,所以其磁体在通电期间可以达到热平衡而能持续提供稳定的磁场。但由于其功耗大和特殊的磁体结构,目前其磁场最大为 45 T。因此,对于一些场强要求较高的科学实验,稳态强磁场具有一定的局限性。为了克服脉冲强磁场和稳态强磁场各自的局限性,科学家们还提出了高稳定度平顶脉冲强磁场的概念。平顶脉冲强磁场是介于脉冲强磁场和稳态强磁场之间的一种特殊的磁场,其综合了脉冲场和稳态场的场强高和波形稳定可控的优点,许多在稳态强磁场下进行的实验都可以很好地在平顶脉冲强磁场下完成。且平顶脉冲强磁场的造价和运行费用比稳态强磁场要低很多,所以各国科学家对平顶脉冲强磁场都展开了大量的研究工作[7]。

根据脉冲强磁体是否可以被重复使用,可将它分为两类:第一类是磁感应强度低于 100 T 的脉冲磁体,这种磁体可以重复放电使用,称为非破坏性脉冲磁体;另一类是兆高斯级(100 T)的强磁场,在这类磁体中,一般是以磁体被破坏作为代价,让磁体内的磁通在瞬间发生急剧变化来产生超强磁场,因此这种磁体只能使用一次,称为破坏性脉冲磁体。几十年来,在破坏性脉冲磁场的实现方法上还没有重大突破,主要还是采用单匝线圈法、电磁压缩法和爆炸压缩磁通法[8]。

强磁场的发展对一个国家和地区而言是重要的,尤其是 45 T 稳态强磁场装置的建成,为强磁场下的凝聚态物理、材料科学、化学和生物科学研究等提供了一个新的研究条件,并可展望某些新现象和新效应的发现[9]。

1.3.2　强磁场技术发展概况

在常态线圈中要获得强磁场必须通入大电流,这将不可避免地产生大量的焦耳热,需要提供足够强度的冷却,使得冷却磁体的体积庞大、结构复杂、能耗惊人但效率低下。采用超导材料可避免线圈发热问题,因为超导磁体本身不消耗能量,电磁转换效率很高,具有使用便利和经济高效等突出优点。到目前为止,10 T 以上超导强磁体的生产技术已十分成熟,并实现了商品化。为了进一步提高磁场强度,可将水冷磁体和超导磁体制造在一起成为混合磁体。这种磁体结构复杂,尤其 20 T 以上的稳态强磁场装置是复杂的,涉及多学科和高难度的大型综合性科学工程,其建设费用高,磁体装置的运行和维护费用也很高。

世界上首个强磁场实验室 1960 年诞生于美国的 MIT(麻省理工学院)。随后,英国、荷兰、法国、德国以及苏联相继在 70 年代建立了强磁场实验室。日本的强磁场实验室建于 80 年代初,并于 90 年代初在筑波建立了新的强磁场实验室。为了实现稳态磁场 40 T 的目标,法国的格勒诺布尔强磁场实验室以及荷兰奈密根强磁场实验室相继把电源功率分别增高到 24 MW 和 20 MW。目前国际上拥有 20 T 以上的稳态磁体的强磁场实验室大多分布在主要的工业大国,美国政府 1990 年在佛罗里达建立的新的国家强磁场实验室(NHMFL),其稳态磁场强度已达 45 T,并向 50 T 的目标迈进。为了争夺国际强磁场技术领跑地位,欧洲四国把四个强磁场实验室联合起来共建欧洲强磁场实验室,在稳态强磁场方面其目标是建立磁场强度为 50 T 的混合磁体。

世界发达国家如美国、日本和德国等相继投入了大量的人力和物力,竞相开展强磁场应用方面的研究工作。在国内,东北大学、大连理工大学、上海大学和中国科技大学等单位也开展了强磁场材料学方面的研究。就材料科学而言,磁场应用的巨大潜力和优势在于"不接触加工"而控制材料微观组织。在强磁场的作用下,通过对相变过程中材料的微观组织、性能的影响,实现新材料制备与改性,是现有其他方法无法替代的,对于材料科学的发展和应用具有重要现实意义。国内的强磁场装置曾经相对落后,但令人欣喜的是,2007 年 1 月 25 日,国家发改委正式批复了国家重大科技基础设施项目——强磁场实验装置建设项目。这一项目包括稳态强磁场实验装置和脉冲强磁场实验装置两大部分,主要由中国科学院合肥物质科学研究院和华中科技大学分别承担建设[10]。武汉脉冲强磁场科学中心的磁体装置已于 2014 年通过国家验收,建有 12 个三种类型的系列脉冲磁体,最高场强达到 90.6 T,位居世界第三、亚洲第一。中国科学院强磁场科学中心建设的稳态强磁场实验装置,是世界上仅有的两个稳态磁场超过 40 T 的装置之一,混合磁体最高磁场达到 45.22 T,是目前全球范围内可支持科学研究的最高稳态磁场,磁体技术和综合性能处于国际领先地位。

1.3.3 强磁场对物质内部结构的影响

强磁场的概念随着相关技术的发展不断更新,人们一般将磁场强度超过1T的磁场称为强磁场。近年来,人们在强磁场的条件下,发现了一些奇特而有重要应用价值的现象。非铁磁性物质,如水、塑料及非铁磁性金属等,在普通强度下的静磁场中不显示出受到磁力的作用,但在5~10 T作用的强磁场中却可以被磁场排斥,甚至悬浮;在强磁场中的非铁磁性晶体,由于在不同晶向上的物质的差别将使某一晶向与磁场方向一致或相近,晶体颗粒的排列方向将沿着某一方向整齐排列,如同铁粉在磁场中整齐排列一样;强磁场可使金属结晶的晶向发生变化;强磁场甚至可以影响原子的扩散过程,造成上坡扩散。

研究表明,磁场能够改变相变热力学和动力学条件,从而改善或改变材料的微观组织、相貌、成分分布以及性能特征,而强磁场作为一种极端条件,其作用主要有:

(1) 发现新现象。强磁场能够非常有效地诱导自旋、轨道有序,并改变电子能态和原子、分子间的相互作用,使之出现全新的物质状态,呈现多种多样新的物理、化学现象和效应。如磁场诱导的电子结晶点阵即Wigner(维格纳)固体;磁场诱导的绝缘体—金属转变和超导电性。最典型的例子,就是在强磁场条件下发现的量子霍尔效应和分数量子霍尔效应。

(2) 认识新现象。强磁场可以抑制一些因素,突显一些效应,易于直接了解其物理性质。最典型的例子,如对高温超导体正常态反常行为的认识。铜氧化物高温超导体在居里温度(T_C)以上温区的面内电阻ρ_{ab}的线性行为及其与面外电阻ρ_c的半导体行为的共存常常被作为非费米液体的证据。这两种相反的电阻温度关系是否可以扩展到远离T_C的低温区,并作为一种正常态基态性质仍是一个不清楚的问题。一个最直接的方法是用磁场来抑制其超导电性进行T_C以下温区的正常态性质的研究。但是该类超导体上临界场很高,因此需要强磁场的实验条件。事实上,2001年有研究者正是通过用强磁场抑制电子型氧化物超导体$(Pr,Ce)CuO(T_C=20\ K)$的超导电性,测量了极低温下正常态的输运特性,获得了高温超导体正常态非费米液体行为的一个直接证据。

(3) 探索和制备新材料。极端电磁条件下的材料研究作为一门新兴的交叉学科已经引起了国际上的广泛重视。例如强磁场下金属凝固过程中,晶粒将发生转动,进而融合,形成类似单晶的组织,此外,对凝固的成核过程也产生显著的影响,起到细化晶粒的作用;在纳米材料制备领域中,纳米材料形状和性能的控制是非常关键的,而利用强磁场巨大的磁力作用,有可能控制液相法制备纳米材料的成核过程，它可以控制纳米颗粒朝某一优先方向生长，从而获得高度各向异性的纳米材料；10T 以上的强磁场对化学反应的影响非常显著，可以改变反应热、pH 值、化学反应进行的方向、反应速度、活化能、熵等诸多方面。

（4）开发新器件和新功能元件、催化出新的重大应用技术。强磁场是研究多层或低维半导体材料中电学输运性质的强大工具，它可以更好地得到半导体的电子结构信息，在此基础上开发出新型半导体器件和功能元件。法国格勒诺布尔强磁场实验室发现的量子霍尔效应就引起了高精密度测量的长足发展，目前量子霍尔电阻已作为国际单位中的标准电阻值。此外，强磁场还可催化出新的重大应用技术，如强磁场作用下的电磁冶金技术、化学反应合成等，特别是目前在化学和生物医学领域得到广泛应用的结构解析和非侵入性成像的核磁共振技术，相关的科学研究成果已经获得多项诺贝尔奖[11]。

1.3.4　强磁场下的新型功能材料生长与化学合成

利用 SHMFF（稳态强磁场实验装置）条件对 Co、Cr、Mn、Zn 对铁基掺杂进行研究，发现 Mn 对 Fe 的替代不影响 T_C，而 Zn、Cr、Co 的替代大大地降低了 T_C，超导前 Mn 替代也比其他替代的磁性降低了一个量级，这一结果是这种体系"磁拆对效应"破坏超导电性的关键证据；制备得到了柔韧性很好的超导纤维 $Nb_2Pd_xS_{5-\delta}$（$0.6 < x < 1$）（见图 1.1），研究发现该超导纤维具有很高的上临界磁场和临界电流密度，具有非常好的应用前景。

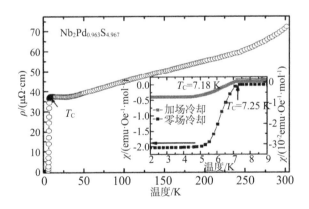

图 1.1　$Nb_2Pd_{0.963}S_{4.967}$ 样品的电阻率随温度变化曲线，插图是该样品在零场和加场冷却下的磁化率随温度变化曲线[12]

对于纳米尺度材料和各种纳米界面结构中的量子物理性质进行研究不仅在基础科学上具有重要意义,而且在技术上也能够为新一代量子器件的研发提供指南。当前重点开展金属、超导体、拓扑绝缘体等纳米材料(如量子线、点、2D超薄膜等)在强磁场下的物性研究。

中国科学院强磁场科学中心人员利用 SHMFF 对拓扑绝缘体单晶 Bi_2Te_3 纳米线表面态的量子输运进行了细致研究,在国际上首次实现在同一个单晶拓扑绝缘体纳米线上既观察到平行磁场下的 0 - AB 量子振荡,又观察到垂直磁场下的 SdH 量子振荡。并且 AB 振荡的周期为一个磁通量子,而 SdH 振荡的朗道量子指数与磁场倒数的关系出现截距 $\gamma=-1/2$。这些结果不仅给出表面态的双重证据,而且实验给出了拓扑表面 Dirac(狄拉克)态非常强壮,不被表面氧化而破坏。另外,对低磁场的磁阻分析发现,纳米线表面态的磁阻随直径减小实现从三维到一维反弱局域化转变(见图 1.2)。

自旋电子材料包含丰富的量子物理效应,是极富应用前景的功能材料。强磁场对于自旋和自旋与轨道相互作用有很强的调控作用,因此,被公认为是开展相关实验研究的重要手段。

依托 SHMFF 主要开展强关联自旋电子材料中自旋、轨道、晶格和电荷等有序量子态之间的强烈竞争导致的量子现象和强磁场下的调控机制,探索可能出现的新现象和新机制。

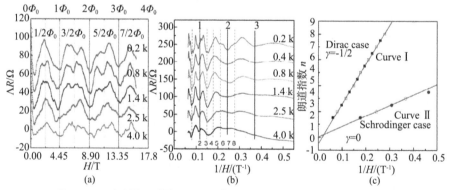

图 1.2 平行磁场下的 0 - AB 振荡(a);垂直磁场下的 SdH 振荡(b);
朗道指数 n 与 $1/H$ 的关系(c)[12]

强磁场可以非常有效地诱导自旋、轨道有序化,并由此改变物质的晶体结构、电子结构和原子(分子)间的相互作用;此外,强磁场可以导致化学键的松弛和新键生成,诱发一般条件下无法实现的物理化学变化,使反应物活化,反应选择性提高,获得一系列原来无法制备的新材料;利用强磁场可以开发出材料制备的新工艺、新技术。近年来强磁场下材料制备这一研究领域受到国际学术界的广泛关注,成为新兴的科学前沿领域。例如,对于自旋电子材料,在高温下表现为顺磁性,只有温度降低到居里温度 T_C 以下,自旋才能相互作用,出现铁磁、亚铁磁、反铁磁等有序态。如果在自旋电子生长过程中施加强磁场,使在材料生长过程中自旋就是取向的,即利用强磁场来冻结自旋电子材料的自旋自由度。可以预计在磁场中生长自旋电子材料时,自旋已是有序态,这将必然改变其物理化学性质,有可能制备出新的自旋电子材料。

依托 SHMFF 进行强磁场下材料制备及其生长规律研究,开展与 Zeeman (塞曼)分裂、热力学以及洛伦兹力作用有关的基本问题研究,揭示一些基本规律,发现新现象,为合成新材料和调控材料的结构与性能提供理论基础和实验依据。

核磁共振波谱是分子结构分析中一种重要的波谱学研究手段,它能够提供原子水平的分子平面和立体结构,以及动态信息。因此其研究领域和应用范围已经从化学和物理学延伸到生物学、医学、材料科学等诸多领域中,其主要特点是:在分析测试时,样品不会受到破坏[12]。

1.3.5　强磁场对物质的作用方式

强磁场与物质作用的基础来自磁场与物质的几种主要相互作用,包括以下内容[13,14]。

（1）洛伦兹力

根据麦克斯韦方程,电生磁,磁生电,电磁耦合作用使得运动在磁场中的物质会受到力的作用,这种力叫作洛伦兹力（F_L）,可表示为:

$$F_L = J \times B \tag{1.1}$$

其中,B 为磁感应强度;J 为等效电流。

根据电流产生的原因不同,洛伦兹力可以表现出三种不同形式:

①对于带电粒子在磁场中运动,若粒子的带电量为 q、运动速度为 v,带电粒子受到的洛伦兹力可表示为:

$$F_L = J \times B = qv \times B \tag{1.2}$$

洛伦兹力与带电粒子的速度方向垂直,因而仅能改变带电粒子的运动方向而不对粒子做功。

②运动的导电流体会在磁场中感生出电流,这样,式（1.1）中的电流能够用流体的电导率 σ 和运动速度 u 来表示,在磁场中运动的导电流体受到的洛伦兹

力可以表示为：

$$F_L = J \times B = \sigma(u \times B) \times B \quad (1.3)$$

一方面，流体在磁场中运动产生的感生电流与运动方向垂直；另一方面，电流与洛伦兹力方向也相互垂直。因此这个力的方向与流体运动的方向相反，总是趋于使流体的运动速度减弱。

③当导电流体内存在温度差引起的电流（热电势）时，式(1.1)中的电流可以表示为（以枝晶生长过程中固、液相间由于温差所产生的热电势为例）：

$$J_{TE} = \frac{\sigma_s \sigma_l f_s (\eta_s - \eta_l)}{\sigma_s f_s + \sigma_l f_l} \nabla T \approx \frac{\sigma_s \sigma_l^2}{(\sigma_s - \sigma_l)^2} f_s (\eta_s - \eta_l) \nabla T \quad (1.4)$$

其中，σ_l 和 σ_s 为液相和固相的电导率；η_l 和 η_s 为液相和固相的热电势；f_l 和 f_s 为液相和固相分数；T 为温度。由此产生的洛伦兹力（热电磁力）可以表示为：

$$F_L = J \times B = \frac{\sigma_s \sigma_l^2}{(\sigma_s - \sigma_l)^2} f_s (\eta_s - \eta_l) \nabla T \times B \quad (1.5)$$

该力在足够强的磁场里会对流体产生可观的作用效果，进而引起流体的流动。

洛伦兹力在材料合成中主要存在于纳米材料中，比如常见的磁场下电沉积反应、磁场下化学沉积、液相法制备纳米材料。由于洛伦兹力的存在，研究人员可以利用磁场对纳米材料的结果、形态进行有效的控制[15]。

（2）磁化能

物质在磁场的作用下，会发生磁畴结构的变化，使材料由磁中性变到磁畴取磁场方向磁饱和，这个过程叫作磁化。置于磁场中的物质都会被或多或少地磁化，特别对于强磁性物质来说，如铁磁性物质在磁场下会被磁场强烈磁化。而在铁磁性物质内部存在磁畴，磁畴是铁磁性物质被磁化后物质内部各种作用之间相互竞争最终达到平衡后，体系能量必须处于最低的结果，此时体系处于最稳定状态。而磁场在磁化铁磁性物质时会破坏磁性物质内部原有的磁畴结构，作用方式就是通过畴壁的迁移、消失、重新生长，最终在磁场的诱导下在磁性材料内部形成新的磁畴结构形貌，此时体系能量是最低的，是一种最稳定的状态。在磁化过程中磁场的能量被物质吸收储存起来，因而产生了磁化能。

磁化状态下物质的磁化能 U 可表示为：

$$U = -\int_0^{H_{ex}} \mu_0 M dH_{eff} \quad (1.6)$$

其中，H_{ex} 为外加磁场强度；M 为磁化强度；H_{eff} 为物质内部的磁场强度。

非磁物质的磁化能 U_n 可表示为：

$$U_n = -\frac{\mu_0 \chi}{2(1+\chi N)^2} H_{ex}^2 \tag{1.7}$$

其中，N 为退磁因子；χ 为磁化率。

铁磁材料的磁化能 U_f 可表示为：

$$U_f = -\frac{\mu_0 M_s H_s}{2(1+\chi N)^2} - \mu_0 M_s H_{ex} + \mu_0 M_s H_s \tag{1.8}$$

其中，H_s 为饱和磁场强度；M_s 为饱和磁化强度。

任何物质在磁场下都会因为被磁化而或多或少地具有磁化能。当处于不同状态的物质具有磁性差异时，磁场的施加必然会引起物质在不同状态下自由能之间的差别，从而引起物质在不同状态下稳定性的变化。对于反应和相变过程来说，母相和生成相之间会有不同程度的磁性差异，磁场的施加必然会引起各个相的自由能发生变化，从而有可能引起反应平衡和相平衡的改变。由于磁化能差取决于物质间的磁性差别以及外加磁感应强度的大小，因此在强磁场条件下以及有铁磁性物质参加的反应和相变过程中，磁场对反应和相平衡的影响将更加显著。为此，材料研究者们将强磁场引入相变过程来考察强磁场对相平衡的影响。由于铁磁性合金中马氏体和铁素体为典型的铁磁性相，而奥氏体为顺磁性相，这样铁磁性合金中的固态相变就成了考察强磁场影响相变过程的理想材料。

（3）磁力矩

正如上文提到的磁化能，磁化能与磁力矩具有内在的联系，在具有磁各向异性的物质中，物质的磁化率沿着各个晶轴方向存在差异。当物质置于方向不变的磁场中被磁化时，物质沿着其易磁化轴方向被磁化时需要的磁化能较小，表现为较容易磁化；而当物质沿着其难磁化轴方向被磁化时需要的磁化能较大，表现为较难磁化。因此在将物质置于方向不变的磁场下磁化时，物质总是倾向于将易磁化轴朝向磁场方向，在这个过程中伴随着物质在磁场作用下发生旋转，出现取向重构的现象，这种磁场作用就是磁力矩。

磁力矩可以用下式表示：

$$L = \frac{V(\chi_1 - \chi_2)B^2 \sin 2\theta}{2\mu_0} \tag{1.9}$$

其中，L 为磁场对物质的磁力矩；V 为物质的体积；χ_1 为易磁化轴的磁化率；χ_2 为难磁化轴的磁化率；θ 为易磁化轴方向和磁场之间的夹角。磁力矩表现为磁场对物质具有力的作用，这种力是一种取向力，从磁场下的物质科学研究角度来说，表现为对微观结构的磁取向重排。

（4）磁化力

当物质置于磁场中时，包括强磁性、弱磁性或者非磁性物质都会被磁场或多或少地磁化，当有梯度磁场存在时被磁化的物质会受到力的作用，这种力就叫作磁化力或磁梯度力。这种作用力的表现形式就是物质在梯度磁场下被牵引运动。对于强磁、弱磁物质来说，运动的方向朝着磁场强度增大的方向；对于抗磁物质来说，运动的方向相反，朝着磁场强度减小的方向。磁化力 F_N 的表达式为：

$$F_N = \left(\frac{1}{\mu_0}\right)\chi(B \cdot \nabla)BV \qquad (1.10)$$

其中，χ 为物质磁化率；μ_0 为真空磁导率；V 为物质体积。

根据这一公式可知，当 B 值增加 10^3 时，F 将增加 10^6 倍；设 B 值在通常情况下为 10^{-2} T，在强磁场条件下达到 10 T，是通常情况下的 1 000 倍。

磁化力的最简单例子是磁石对铁器的吸引。这其中包含了两个过程，首先磁石将铁器磁化，其次被磁化后的铁器同磁石周围分布的磁场梯度相互作用而产生磁化力。根据这一原理，人们将梯度磁场应用到铁磁性材料处理的工业过程，如应用于选矿行业的高梯度磁分离技术。由于非磁性物质的磁性能较弱，采用常规磁体的磁分离技术通常仅对铁磁性物质产生明显的效果。但是由于磁化力的大小还同磁感应强度的平方成正比，这样高强度磁场同样有可能对具有较弱磁性的物质产生显著的磁化力作用效果。

（5）磁极间相互作用

电学中有电偶极子，电偶极子是两个等量异号点电荷组成的系统，电偶极矩的存在使得电偶极子倾向转向与外电场方向平行。在磁学中也有类似的定义——磁荷，分为正磁荷和负磁荷，磁力矩的方向定义为由正磁荷指向负磁荷，类比于电学称其为磁偶极子。在磁场下，一个磁偶极子就相当于一个具有方向性的小磁矩。在稳恒磁场中，多个小磁矩（磁偶极子）在一起就会发生相互作用，表现的方式就是磁偶极子沿着磁力线方向头尾相接取向排列。磁性颗粒在外加磁场中时，颗粒由于被磁化而成为磁偶极子，这样就会在颗粒与颗粒之间产生偶极相互作用，平行于磁场平面内的颗粒会相互吸引，垂直于磁场平面内的颗粒会互相排斥,这个作用就被称为磁极间相互作用。

磁极间相互作用在磁场下纳米材料合成中得到广泛应用,例如在磁场下磁性纳米颗粒链状结构的形成、磁场下纳米材料制备中一维结构的形成都与磁极间的相互作用有关。在后面的小节中也会给出一些应用实例。

同时,通过上述公式可以得出,非磁性物质磁化率较低可以通过提高磁感应强度而得到补偿。因此在这样高的磁场条件下,任何非铁磁性物质都将受到很大的磁化力作用。有研究者利用超导强磁场对非磁性物质进行了悬浮实验[16],结果见表1.1。

表 1.1　物质悬浮时所需磁场大小

	线圈中心的磁通密度(T)	磁化力比值 $BdB/dz(T^2/cm)$
水	27	30
木	21.5	17
塑料	22.3	20
丙酮	22	20
乙醛	21	16
铋	15.9	7.3
锑	18.8	12

这一实验结果一方面证实了非铁磁性物质在强磁场下具有很大的磁性这一事实,另一方面也暗示着可以利用强磁场的悬浮作用进行科学研究。又如均恒强磁场使具有磁各异性的非铁磁质材料取向;梯度强磁场控制顺磁性流体的流动等。这表明强磁场具有排列取向的作用。

1.4　强磁场的应用领域

强磁场下的科学研究随着实验装置技术的发展而不断发展。研制产生更高磁场的实验装置涉及多方面的科学和技术问题,其本身就是一门学问。从最早产生较低磁场的螺线管到产生较高稳态磁场的 Bitter(比特)线圈和多螺旋线圈,再到由水冷磁体线圈和超导线圈组合而成的混合磁体,强磁场技术经历了百余年的发展,已经能够研制成功产生相当于近百万倍地球磁场的稳态磁场实验装置。强磁场最早被用于研究电磁相互作用,其应用范围逐渐扩展到材料、物理、化学乃至生命科学研究。研究内容越来越丰富,有力地推动了多科学领域前沿的发展。

强磁场作用下的物理学、化学、生物学、材料科学、磁共振技术和磁悬浮微重力技术等研究已经成为新的学科方向。利用强磁场有可能揭示物质的物理、化学、生物等许多现象的本质。国际上强磁场相关的研究成果已获得多项诺贝尔奖，在推动技术发展方面强磁场也能发挥重要作用，如在特殊冶金、化学合成、功能材料、生物技术、医疗技术及新型药物等技术研究方面，国际上也已获得许多发明成果并得到广泛应用。

1.4.1 强磁场下的凝聚态物理研究

凝聚态物理学是当代自然科学的主要研究领域之一，近年来发现的高温超导、介观系统中的量子输运、光子晶体、碳纳米管、巨磁电阻、石墨烯、拓扑绝缘体等等，都是凝聚态物理学研究的重要发现。强磁场作为一种极端的实验条件对于凝聚态物理学研究作用巨大，例如，石墨烯二维电子气、拓扑绝缘体表面态的奇异量子特性、低维有机导体、重费米子材料的量子临界特性和相变、低维磁体与自旋电子材料的奇异磁结构等当代重要的科学发现无不与强磁场条件密切相关。凝聚态物理的每一新进展往往伴随着高新技术的诞生，它也是当代科学中最活跃和产生诺贝尔奖最多的领域，强磁场环境又给它以新的生命。

目前强磁场下凝聚态物理研究包括如下方面[17]：

（1）强磁场中的半导体物理

半导体是当代电子工业的基础，目前研究方向是开拓多种高新技术应用和寻求新功能半导体材料。

①磁光谱和半导体的微结构

在磁场下半导体的导带和价带都分裂成一系列的朗道能级，电子从导带的朗道能级跃迁到价带的朗道能级，就会发出荧光。测量荧光谱随磁场的变化，就能对半导体的电子态、激子态等有深入的了解。在强磁场下，量子阱、量子线、量子点中的电子或激子同时受到磁场和量子限制的强相互作用，它将呈现出一系列新的物理特性。从实验或理论的角度，都是有待研究的课题，而且为新的量子器件的诞生提供了物理基础。

由于半导体生长技术和刻蚀技术的发展，已经制成了各种半导体的微材料和微结构，如自组织生长量子点、量子线，化学方法生长的纳米晶线和纳米晶粒，刻蚀方法制成的各种微结构等。这些半导体微材料和微结构将成为下一代微电子和光电子器件的基础。对半导体的微结构，由于量子限制效应，产生一系列量子能级，它们与半导体材料的形状、应变和外场（电场和磁场）状况有很大的关系。

磁光谱是研究这些半导体微材料和微结构电子态性质的最有力的工具之一。

②回旋共振

回旋共振是精确测定半导体中电子和空穴有效质量的有力工具。磁光谱是研究电子在导带和价带朗道能级之间的跃迁过程的工具,而回旋共振则是研究电子在同一个带(导带或价带)的朗道能级之间的跃迁过程的工具。它已经有几十年的历史,早期回旋共振用的磁场强度低,因此回旋共振吸收的电磁波频率在微波范围,实验要求在低温下进行。用强磁场可以将共振电磁波频率提高到红外波段,实验可以在室温下进行。现在回旋共振除了可以确定有效质量以外,和磁光谱一样,主要用于研究各种异质结构、超晶格、量子阱中电子或空穴的能带结构。

③磁输运、整数和分数量子霍尔(Hall)效应

磁输运包括电阻随磁场而振荡的现象,称为 Shubnikov-de Haas(舒勃尼科夫-德哈斯)振荡,这个效应能够直接测到材料的费米面。整数量子霍尔效应和分数量子霍尔效应,即在低温下,霍尔电阻 R_{xy} 随磁场增加呈量子化台阶变化。Shubnikov-de Haas 振荡和 R_{xy} 量子化台阶是同一个物理起源:随着磁场增加,电子的费米能级依次通过各朗道能级。电阻随磁场振荡的分辨率直接决定于磁场,一般磁场要高于 20 T 才能清楚地分辨出,而且磁场愈高分辨率愈好。

利用半导体的刻蚀技术可以在二维电子气上刻蚀出各种微小尺度(nm 量级)的金属栅极,在栅极上加负电压,则将耗尽栅极下方二维电子气中的电子,使得二维电子气中形成一定的电子通道,如量子点、量子环、平面栅结构等。由于这些平面结构的尺寸很小,电子在其中的输运不受到散射。这种输运行为是服从于量子力学的波导输运或弹道输运,具有与一般的经典输运完全不同的性质,称为介观输运。在强磁场下的介观输运更具有特别的意义,如:A-B 环在磁场下的电导率振荡、位相振荡、平面量子点的共振隧穿等。

④稀磁半导体和自旋电子学

稀磁半导体中的磁性离子与载流子的相互作用,使得磁性半导体具有一系列独特的性质,如电子、空穴能带的巨磁分裂、高的居里温度等。利用这些性质可以在半导体中产生自旋极化电子,除了用电荷传递信息以外,还增加了用自旋传递信息的一种新的手段。实验证明,自旋弛豫时间很长,可以达到 ns 的量级,因此产生了"自旋电子学"这一新的学科。值得强调的是,稀磁半导体的概念应该是在自旋弛豫时间以内的行为,因为磁性粒子中自旋电子(例如 d 电子)注入半导体(半导体是 s 电子)在大于其弛豫时间后将失去其局域性,而成为自由电子。在强磁场下研究稀磁半导体和自旋电子的一些基本性质是非常重要的,特别是自旋电子的产生、输运和退相干的问题。

（2）低维物理

标志强磁场的一个量是磁长度。当磁场强度为 100 T 时,磁长度 2.56 nm,达到了纳米的尺度,因此它是在纳米尺度上研究凝聚态物质性质的有用的工具。

①强磁场下纳米结构体系中的物理问题

随着制备技术的发展,研究者们已获得了多种纳米结构量子受限体系,如二维量子阱、超晶格、一维纳米线、纳米管、准零维的各种量子点等。为验证新理论、探索新现象提供新的手段与途径,故在强磁场下对上述体系开展研究。以纳米碳管为例,在强磁场下,纳米碳管可以在金属与半导体之间相互转换。由于量子受限效应,利用强磁场可以改变纳米管的电子结构,从而改变了材料的输运性质。纳米碳管的导电性取决于自身的属性,但是通过磁场也可以改变其特性。由此可见,纳米碳管的特性不仅可以通过分子自身重构来调控,还可以通过强磁场移动其能级来调控。此外,强磁场还使纳米颗粒中的电流可以不受界面散射影响,这将有利于了解纳米材料的本征行为。

通过强磁场对纳米结构体系能带及能带精细结构、元激发等物性与输运行为研究,认识各种新量子现象的物理机制,这将为设计新型光电、电子和自旋电子器件提供依据。

②二维电子气的强关联相互作用

二维电子气是一个强相互作用的体系,电子之间的库仑相互作用将使磁光谱有很大的修正。例如费米边奇点的增强效应,在费米能量上荧光峰强度随磁场的振荡行为等。特别是它可以研究二维电子气的光学性质与整数、分数量子霍尔效应之间的关系,研究组合费米子的性质。

整数和分数量子霍尔效应激发了研究二维电子气在磁场下物理性质的热潮。整数霍尔效应的物理基础已建立,它能用非相互作用电子解释,但仍有许多问题有待解决,如磁场中的态密度、局域态和非局域态的状况等。广泛地在 35 T 强磁场下测量比热、磁化热导率和热功率,对解决这些问题是必须的。而分数量子霍尔效应则是由相互作用电子的强关联态引起的。近年发现,分数量子霍尔效应能用一类新的粒子——组合费米子来解释,它是一个电子和多体量子力学波函数的涡旋形成的束缚态,即可看成是由一个电子和附着它的两根磁通线构成。在这个物理图像下,半满填充(一般在 16 T 的磁场下)的正常电子可以看成是零等效磁场下的一个新的费米子。组合费米子的一个重要性质是它所感受到的磁场与外磁场不同,从而解释了分数量子霍尔效应。证明这一概念的一种方法是证明这些新粒子具有新的尺度上的几何共振,但很难得到准确的相关数据。在 35 T 磁场下情况相对简单些。另外,因为磁场强度不够,4 根磁通线附着一个电子的状况还几乎未被研究过。一般来说,在很高的磁场下,可以对更高的电子态密度和对应的强库化相互作用进行研究。二维电子气研究的问题包括二维电子气的磁能带结构和电子的填充情况,以及二维电子气中电子的强关联性质。

1.4.2　高温超导体

(1) 高温超导电性机制

高温超导电性的确切机制迄今仍不清楚,强磁场有可能给人们提供解开这个谜团的线索,因为超导体是配对电子发生量子凝聚以后的产物;但是,是什么作用导致配对,一直未被人们了解。在新发现的非常规超导体中,超导与自旋1/2 的反铁磁性相密切相关。尽管有关超导电性起源的模型很多,但到目前为止,Anderson(安德森)的反铁磁共振价键态(RVB)模型仍然是为人们接受的一类。所谓共振价键,如图 1.3(b)的苯环,虚线和邻近的实线形成共价键,但它不是固定的,而是和苯环的六个键都有形成共价键的机会,因此称为共振价键。图1.3(a)是反铁磁排列自旋作用形成共价键,它不受是否是近邻的限制,某一个时刻在虚线框 1 中形成反铁磁共价键,而下一个时刻这个反铁磁共价键在虚线框2 中形成,故称为 RVB 态。要想了解它,必须破坏它。显然强磁场能提供研究它的环境:强磁场下可得到低能准粒子的激发;强磁场可造成自旋单态系统的拆对效应;在氧化物超导体和一些二维超导体中,超导配对和它们的凝聚可以不同时发生,凝聚过程发生在较低的温度。对于这样的系统,加强磁场时,超导的长程位相相干先被破坏,而往往库珀对仍然存在。

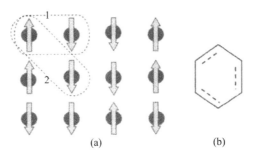

(a)　　　　　　　(b)

图 1.3　反铁磁共振价键态(RVB)模型示意图[17]

高温超导体和近年发现的钌系、钴系等新型超导体可能拥有非费米液体行为的基态。因此当超导被破坏后,出现具有奇异特性的基态,例如高温超导体正常态显现非常奇异的赝能隙的行为。到目前为止,赝能隙的机理仍然不清楚,它可能来自自旋隙、预配对、电荷有序或反铁磁涨落等等。这个赝能隙是在超导的

"抛物线"覆盖区域消失,还是在过掺杂区域随着超导一起消失,仍然是一个谜,需要利用强磁场将超导压制后才能判断。另外,正是这种反常的正常态特性决定了其超导机理的复杂性。通过强磁场来压制超导电性,使得基态显露出来,研究这些基态的性质,为超导机理提供重要信息。这种基态相变在强关联电子材料中表现出非常丰富的研究内容,是今后一段时间凝聚态物理研究的重要前沿。

(2) 实用高温超导体在强磁场应用中的前景

水冷强磁场的获得需要非常高的能量,如 20 T 水冷磁体就需要 20 MW 电源,而能量这样高的能源大部分被欧姆热损耗掉了。由于超导体无欧姆损耗,所以强磁场大都利用超导体获得。高温超导出现后,研究者们希望高温超导线(带)材能在液氮温度下使用。目前的结论是它们的临界磁场非常高,$H(0\ K)$ 甚至都在 100 T 以上,但在磁场中,临界电流密度 j_c 迅速降低。这是由于高温超导的相关长度很短,因此阻止磁通运动的钉扎中心要求很小,研究者们还在不断努力解决这个问题。但值得庆幸的是,它们在低温(如小于 20 K)下有非常理想的 j_c-H 关系,Bi 系线(带)材料在 10 T 下 j_c 几乎不变,这就意味着有可能将混合磁体中的 Bitter 线圈用高温超导线材代替。这是当前国际的研究动向,虽然尚未实现,但研究者们一直在努力提高 j_c-H 的性能。我国建立强磁场国家实验室无疑会促进实用超导材料的发展;反过来,性能提高的超导材料也有望应用到高磁体上。

(3) 基于自旋的量子计算和量子模拟实验研究

基于自旋的固态量子计算研究具有基础性、前瞻性和战略性,是未来信息技术发展的重要战略性方向,同时也将对信息科学、量子物理化学、纳米材料科学等诸多领域的科学发展和技术进步起到重要的推动作用,对经济和社会的发展产生重要影响。在强磁场下开展固态自旋量子计算研究具有以下优势:①能够有效地区分不同的自旋量子比特的共振频率,便于区分和操控量子比特,提高对自旋量子比特的寻址能力;②能够提高信号强度和信噪比,减少实验所需的信号累计时间;③可以有效地简化哈密顿量的演化形式,降低操控量子比特的复杂度;④结合低温条件可以实现系综的纠缠态,从而为实验研究纠缠或者量子关联在固态体系中的动力学行为提供必要条件。

目前重点开展的工作有:以核自旋和电子自旋的系综体系为研究对象,研究在强磁场条件下自旋量子态的精确制备、存储和高精度相干操控技术。探索强磁场条件下操控核自旋共振量子系统的新方法和新技术,发展核自旋与电子自旋相结合的量子计算模式[18]。

1.4.3 强磁场下的化学研究

强磁场下的化学研究主要涉及化学反应动力学、化学反应热力学。在超导技术研究未取得巨大进展之前,人们只能获得 $0.1\sim1$ T 的磁场强度。决定化学反应能否发生的基本参量是活化能(E_a,单位:kJ/mol),如图 1.4 所示。从能量角度来说,1 T 的磁场产生的能量约为 11.2 J/mol,与通常所需的化学反应活化能 $10\sim100$ kJ/mol 相比可以忽略。然而,当磁场强度足够大,达到几十甚至上百 T 时,磁场与反应物分子的能量可达几十 J,这足以对一些普通的化学反应产生显著的影响。值得庆幸的是,随着超导技术的发展,利用超导技术产生强磁场已经变得比较方便,这为强磁场下的化学研究提供了技术支持。

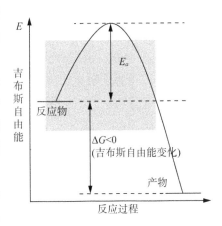

图 1.4 化学反应过程[19]

磁场可以直接作用于原子核磁矩、核外电子自旋磁矩及轨道磁矩。在原子结合成分子的过程中,它们通过电子的相互作用束缚在一起。在磁场强度相对较小时,磁场对电子的作用相对较弱,不足以对原子之间的成键状态产生影响。随着磁场强度的增加,磁场对原子核、核外电子的作用也会增加,当磁场足够强时,磁场对原子核、核外电子的磁相互作用量级就会超过库仑相互作用,此时的库仑相互作用相对于磁相互作用只是一个微扰,因此在足够强的磁场下,磁场将会强烈地影响分子的化学和物理性质。图 1.5 展示的是强磁场下分子结构的变化:图 1.5(a)是无磁场下的双原子分子做自由旋转运动;图 1.5(b)是双原子分子在强磁场下的两种取向方式,一种是双原子分子的成键方向与磁场方向垂直,另一种是双原子分子的成键方向与磁场方向平行。从图 1.5(b)可以看到,由于超强磁场的磁作用,在分子成键方向与磁场方向垂直时,化学键被压缩,导致结合更紧密;而当分子成键方向与磁场方向平行时,原子核之间的距离较无磁场时变长,导致化学键变长,分子结合变得松弛。从电荷分离角度来说,电场通常会对分子形成具有负面效应,会倾向将带电粒子(电子、原子核)分开,不利于分子结构的稳定。

不同于电场,在强磁场中,磁场在各向异性的施加过程中会使化学键变短,当原子核之间的距离缩小时,分子体系的总能量减小,从而使得原子间结合更紧密,分子结构更加稳定。例如,二元分子体系中氢原子的结合,当在垂直于氢原子的分子成键方向施加一个强磁场时,氢分子结构会变得更加稳定。又如,在超强磁场下的分子成键研究中,2012 年 Helgaker 等人利用自己开发的强磁场下分子研究模型,精确地研究了氢(H)原子和氦(He)原子在超强磁场下的成键状态。在超强磁场中,二元分子体系 H_2 和 He_2 可以有图 1.6(a)中两种相对磁场的取向;然后分别计算两种取向下的势能曲线,如图 1.6(d)H_2 平行于磁场取向和图 1.6(e)垂直于磁场取向,图 1.7(a)He_2 分子平行于磁场取向和图 1.7(b)垂直于磁场取向。

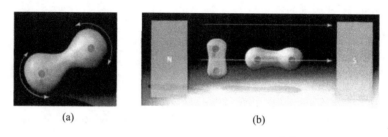

图 1.5　强磁场中的双原子分子结构[19]

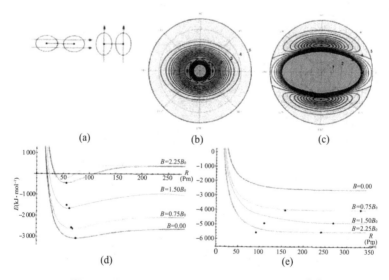

图 1.6　强磁场下的 H_2 分子以三重态成键结合[19]

通过理论模型计算,研究人员发现随着磁场强度增大,H_2 和 He_2 分子垂直于磁场取向的势能曲线向低能量变化得越快、越大,证实了垂直于磁场方向取向时,成键体系的能量更低,分子结构更稳定,且磁场强度越大,磁场作用效果越明显。强磁场下的原子、分子以及凝聚态物质研究一直是一个迷人的课题,从能量角度来说,强磁场对微观原子的磁作用与库仑力包含的相互吸引力及排斥力之间的竞争导致了微观尺度行为的复杂性和多样性[19]。

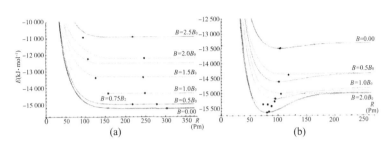

图 1.7　强磁场下的 He_2 分子以单重态成键结合[19]

强磁场对化学反应物质电子自旋和核自旋的作用,可导致相应化学键的松弛和新键的生成,使反应物活化,反应选择性提高,从而获得一系列原来无法制备的新材料和新化合物。在这一领域里,研究者们主要进行的是溶剂的磁化及机理研究、磁场下的溶液合成化学的研究和强磁场诱发新化学反应的研究。

此外,强磁场对自由基有很大的影响,与常规方法相比,在强磁场下聚合不仅转化率高,而且制得的高分子具有力学强度好和热稳定性强等特点。在强磁场或强电场与其他手段(如辐射化学)结合条件下,一些单体能进行有序排列和组装,这种聚合可制得具有特殊光、电、磁效应与功能的高分子材料或高分子复合材料。强磁场下的聚合与常规聚合在机理上有很大的差别,借助强磁场,可探索新的聚合方法,如新型活性自由基聚合、新型活性离子聚合等。

可开展的研究工作有:

(1) 水和有机溶剂的磁化及机理研究;

(2) 强磁场诱发新化学反应研究;

(3) 强磁场下的生物模拟矿化与仿生合成;

(4) 强磁场下的溶液合成化学研究;

(5) 强磁场下的高分子材料合成。

1.4.4　强磁场下的材料科学研究

强磁场下的材料科学研究主要目的在于利用强磁场这一先进技术手段,通过在强磁场下制备或者后处理方式,研究磁场对材料结构的改变机理来实现对材料性能的优化。材料是现代物质文明的基础,在材料制备过程中主要涉及三个方面,即材料的成核结晶、相变及烧结。由于不同组成相之间存在磁性差异,因而材料的相变温度、微观结构形态及尺寸大小就有可能被磁场影响,从而影响材料形核长大过程。特别地,对一些具有磁各向异性的材料,强磁场还表现为对材料微观取向及形核长大方向进行约束,从而改变微观晶粒取向和材料的微观织构。例如,超导材料 c 轴的磁化率一般大于 a、b 轴,由于磁化率差异,就会产生磁化各向异性能的差异,而从能量角度来说,材料的生长总是沿着能量降低的方向,因此如果在制备超导材料的过程中施加磁场,就会影响超导材料的微观织构取向,进而有望获得性能更加优异的超导材料。

强磁场除了可应用于超导材料制备及改性,另外一个重要的应用领域就是冶金,即在金属冶炼、金属间化合物制备过程或者后处理退火过程中施加强磁场。与磁场对超导材料的磁效应类似,在金属材料从液相中凝结成核、长大形成晶粒,到晶粒进一步长大形成微观织构的过程中,磁场可以影响其成核速度、成核形状、晶粒生长等过程,使得材料的微观织构受到磁场调制。尤其对一些具有磁性的金属合金来说,磁场可以通过控制磁性晶粒定向旋转取向来影响合金材料的结晶长大过程。如 1997 年,研究者在磁场的辅助下制备 Sm_2Co_{17} 合金时,利用强磁场取向作用获得了高织构度取向的 Sm_2Co_{17} 合金材料。

一般地,在磁场下高温处理材料时的温度都高于材料的居里温度。如果在材料处于铁磁态时施加磁场,那么通过磁场的处理可能会诱导出新的磁结构、磁效应。2004 年,研究者在 14 T 的磁场下凝固制备 Co-B 合金时,实验中的退火温度为 1 080 ℃,低于 Co 的居里温度(1 131 ℃),因而此时 Co 处于铁磁态。如图 1.8 所示,在定向稳恒磁场下,由于 Co 粒子之间强烈的磁偶极子相互作用,析出的 Co 粒子在强磁场的作用下沿着磁力线定向排列成线状结构,形成具有各向

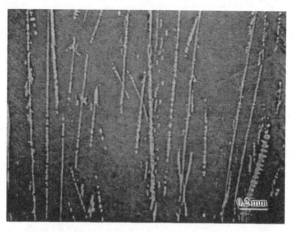

0.2 mm

图 1.8 铁磁 Co-B 合金在磁场下高温退火后的微观结构[19]

异性的微观结构;而在零场下凝固的样品没有出现有序化的 Co 粒子排列,而是呈现随机分布的状态。另外,磁场在金属定向凝固过程中还会改变合金的相变温度,影响合金中的组分原子扩散行为、凝固界面的稳定性,以及改变合金定向凝固枝晶的生长方式和形貌等。

1.4.5 强磁场下的生物研究

超导技术的发展,助推了强磁场技术的发展,强磁场技术的发展为研究生物在强磁场下的磁效应提供了技术支持。强磁场作为电磁场的一种极端形态,对生物活体的磁效应机制还不是很清楚,尚处在探索阶段。从另一方面来说,强磁场也是一种电磁辐射,研究强磁场对生物机体的磁效应不仅有利于更好地理解磁场下的生物学行为,也能帮助人类更好地认识生物机体在应对外界刺激时的生物磁响应状态。其中,核磁共振是强磁场在生命科学研究中的一个重要应用。核磁共振的探测灵敏度与磁场强度有关,磁场强度越高,核磁共振分辨率越高。发展强磁场下的核磁共振能够为人类更好地了解生命起源,以及对支撑生命的蛋白质结构进行剖析提供技术支持。另外,磁场对生物及生物机体组织的直接磁效应随着强磁场技术的发展得到越来越多研究人员的关注。强磁场是否可以为人类在治疗某些重大疾病时提供帮助或者直接通过磁场进行磁治疗,是越来越多人好奇的问题,因此进行强磁场下的生物效应研究非常具有实际意义。

我国的科学家已经利用稳态强磁场实验室提供的超高磁场开展了相关研究,而且已经发现了很多重要的生物磁效应。有研究者利用稳态强磁场实验装置在 27 T 的强磁场下研究了磁场对细胞有丝分裂的影响。如图 1.9 所示,在强磁场下,纺锤体被强磁场产生的磁力矩取向。研究者首次发现了超高磁场下哺乳动物细胞分裂活动,为利用强磁场探测活体细胞提供了实验依据,也为探索强磁场在癌症治疗方面的潜在应用迈出了重要一步。虽然目前强磁场下的生物研

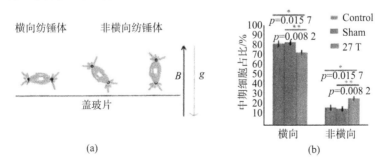

图 1.9 有丝细胞分裂纺锤体在强磁场下的取向[19]

究已经有许多发现,但是其背后的生物学效应机理并不明确,低磁场下的研究已经取得许多重要发现,在更高的磁场(大于 40 T)下细胞的生长状况目前还没有相关报道,期待研究者们探索在更高的磁场下,磁场会对生物产生哪些重要的生物效应。

除了以上提及的几个强磁场下研究方向,强磁场还被应用于其他方向的研究,包括模拟太空环境的微重力研究、强磁场下的磁致伸缩效应、磁选矿等[19]。

1.4.6 磁场下的化学合成和纳米材料制备

前文提到了强磁场可以有效地影响分子的成键方式,足够的磁场强度产生的能量在一些基础化学反应中的效应是不可忽视的。研究表明,强磁场可影响化学反应物的核自旋、核外电子自旋和电子的轨道运动,导致旧化学键松弛和新化学键产生,从而可以获得原来在零场下无法得到的物质。磁场对化学反应主要存在三个方面的影响:量子力学、热力学、经典力学。从量子力学来说,强磁场对分子的波函数有扰动,可以诱导化学反应的各向异性。从热力学上讲,1 T 磁场产生的能量约为 11.2 J/mol,当磁场强度足够大时,产生的能量会对化学反应涉及的活化能、吉布斯自由能产生有效改变,从而可能改变反应路径,诱导新的化学反应发生,得到新的物质或者提高反应选择性以及产物的转化率等。从经典力学来讲,磁场可以通过力的作用诱导反应速率的提高,加速反应体系活化粒子的对流,提高活化分子的碰撞频率等。另外,在磁场下制备有机分子材料时,磁场会影响有机分子的结构,如微观取向等,从而有效提高有机材料的电学性质和机械性能等。

磁场下的纳米材料制备研究属于磁场下材料科学的范畴。通常把结构单元的尺度为 1~100 nm 的材料称为纳米材料。对于凝聚态物质来说,当物质的尺度降低到纳米尺度时,很多物理和化学性质都会改变,如能带展宽、尺度降低,进而导致比表面积增大、纳米颗粒表面活性增强等。尺寸维度的降低,使得纳米材料具有比大尺寸母体块材更有趣的物理和化学性质。将磁场应用于纳米材料制备中不仅可以扩展纳米材料制备技术,获得更多样化的纳米材料,而且可以实现对纳米材料物理和化学性质的调控。通常认为具有磁性的物质才会被磁场作用,而 1991 年的一次有机材料在强磁场下的磁悬浮实验,证明了强磁场无论是对有磁还是无磁的材料都具有磁效应[20]。

参考文献

［1］江兴. 稳恒强静磁场下 Al-Ni 二元合金晶体取向排列的数值研究［D］. 沈阳：东北大学，2010：3-4.

［2］李磊. 磁场对铸态铝基二元合金晶体学和微观组织的影响［D］. 沈阳：东北大学，2011：10.

［3］江兴. 稳恒强静磁场下 Al-Ni 二元合金晶体取向排列的数值研究［D］. 沈阳：东北大学，2010：4-6.

［4］李磊. 磁场对铸态铝基二元合金晶体学和微观组织的影响［D］. 沈阳：东北大学，2011：3-5.

［5］卞跃成. 强磁场对化学反应的调控研究［D］. 合肥：中国科学技术大学，2021：1.

［6］匡光力，邵淑芳. 稳态强磁场技术与科学研究［J］. 中国科学：物理学 力学 天文学，2014，44(10)：1049-1050.

［7］李欢. 平顶长脉冲强磁场的优化设计理论和方法［D］. 武汉：华中科技大学，2014：1-2.

［8］彭涛，辜承林. 脉冲强磁场及其发展动态［J］. 电工技术杂志，2002(11)：1-3＋39.

［9］曹效文. 强磁场技术进展［J］. 物理，1996，25(9)：552-555.

［10］王艳. 强磁场下纯铜板的再结晶组织与织构的形成过程和演变机理［D］. 沈阳：东北大学，2013：1-2.

［11］匡光力，邵淑芳. 稳态强磁场技术与科学研究［J］. 中国科学：物理学 力学 天文学，2014，44(10)：1054-1055.

［12］匡光力，邵淑芳. 稳态强磁场技术与科学研究［J］. 中国科学：物理学 力学 天文学，2014，44(10)：1056-1057.

［13］李梦晗. 强磁场下 Tb-Fe 合金定向凝固组织与性能的研究［D］. 沈阳：东北大学，2018.

［14］卞跃成. 强磁场对化学反应的调控研究［D］. 合肥：中国科学技术大学，2021：10-12.

［15］刘铁. 强磁场下合金凝固组织控制及梯度与取向材料制备的基础研究［D］. 沈阳：东北大学，2010：2-9.

［16］吴存有. 强磁场作用力对材料组织和性能的影响［D］. 大连：大连理工大

学,2003.

[17] 张裕恒.强磁场下的科学研究[J].物理,2009,38(5):320-327.

[18] 匡光力,邵淑芳.稳态强磁场技术与科学研究[J].中国科学:物理学 力学 天文学,2014,44(10):1056.

[19] 卞跃成.强磁场对化学反应的调控研究[D].合肥:中国科学技术大学,2021:5-9.

[20] 卞跃成.强磁场对化学反应的调控研究[D].合肥:中国科学技术大学,2021:12-17.

第二章　强磁场中晶体取向

2.1　晶体取向的概念

晶体取向(织构)会对材料的物理性能产生非常重要的影响。高取向度(织构化)的多晶组织可以显著提高材料在单一方向上的强度、导电率、压电系数、光折射率以及波导率等性能。因此,开发制备取向功能材料的方法一直是材料研究中的热点。当将具有磁化率各向异性的晶体置于磁场中时,磁化作用会在晶体的不同晶向间产生磁化能的差值,即磁各向异性能。当磁各向异性能大于热扰动能时,晶粒就会在磁场的作用下发生取向效应(磁取向)。当磁场强度足够大时,具有磁化率各向异性的非磁性晶体也有可能发生取向,这就为在高温过程如凝固过程中诱导晶体发生取向提供了可能。通过强磁场下的熔体处理、缓冷凝固和定向凝固等方法,国内外研究者在多种材料中成功地原位制备出有取向(织构化)的组织[1]。

磁取向是材料制备加工的一种新技术,它能够通过改变材料的微观组织即晶粒形成取向来影响材料的性能。起初,磁取向技术主要应用于金属材料的加工。近年来,随着超导磁体技术的发展,强磁场的产生及应用十分方便,极大地促进了磁取向技术的应用,使磁取向技术也成为抗磁性材料取向控制的一种手段[2]。

施加定向的外力场是目前常用的获得定向排列的材料组织的方法之一,如电场和磁场等,该方法能有效改善材料的综合性能。磁场取向可以显著地提高铁磁性材料的磁性能,目前被广泛地应用在加工过程中。近年来,随着磁场技术的发展,在非铁磁性材料的研究中也发现了取向的现象。这意味着今后在控制材料凝固组织的特征和性能方面,可以通过引入外磁场达到控制晶体的生长和形态的目的。众多研究表明,在磁场的诱导作用下,第二相发生取向规则排列的现象普遍存在于材料的凝固和析出等加工过程中,并且目前也已对取向发生机理、现象的规则性及影响因素等进行了一系列的探索和分析。

实际上,材料在强磁场中取向的现象是非常普遍的,在材料的凝固、热处理和气相沉积等过程中也经常存在。物质磁各向异性的普遍存在,使利用外加磁场对材料取向进行研究具有十分广阔的应用前景。这同时也促进了理论课题的研究,如磁场中晶体生长的热力学和动力学、凝固等过程中组织织构化的机制,该机制是单一机制还是复合机制仍是学者们探讨的重点。材料织构化组织对性能的影响以及如何获得理想的最终组织和性能等,都是当今研究的重点问题[3]。

2.2 强磁场中的晶体取向

2.2.1 晶体取向的基本概念

金属分为晶体和非晶体,晶体又包含单晶和多晶。其中,单晶是指整个材料的原子在空间周期有序地排列,即单核;在不同的晶体学方向上,其所呈现出的力学、光学、耐腐蚀、电磁学、磁学甚至核物理等方面都具有显著的差异,故具有各向异性特征。多晶是指在材料某个小的区域中原子周期有序地排列,但是材料整个由许多个细小的单晶体组成,不具备长程周期有序排列,即是许多单晶体的集合,如果晶粒数目大且各晶粒的排列是完全无规则的统计均匀分布,即在不同方向上取向概率相同,则该多晶集合体在不同方向上就会宏观地表现出各种性能相同的现象,即具有各向同性特征。然而多晶体在其形成过程中,由于受到外界的力、热、磁、电等各种不同条件的影响,或在形成后受到不同的加工工艺的影响,多晶集合体中的各晶粒会沿着某一或某些晶向生长排列,这种现象叫作择优取向[4]。

从晶体单胞中原子排列规律可以知道,在不同的晶面或晶向上原子排列密度不同,这必然会导致其对应的能量、键合力、力学性能及物理性能不同,即存在各向异性。但是,在实际样品中,并不能直接观察到不同的晶体学方向或晶面,只能观察到晶粒的形貌,因此,需要确定晶体坐标系与外界样品坐标系的关系。

晶体取向表现为 3 个晶轴（如[100]-[010]-[001]）在样品坐标系的相对方位[5]。

假设空间有一由 X、Y、Z 三个互相垂直的坐标轴组成的直角坐标参考系 A。再设有一个立方晶体坐标系，其坐标轴的排列方式为：[100]方向平行于 X 轴，[010]方向平行于 Y 轴，[001]方向平行于 Z 轴，并且三个晶体方向分别同与之平行的 X、Y、Z 坐标轴同向。把晶体坐标系中晶体方向在参考坐标系 A 内的排布方式称为起始取向 e，如图 2.1(a)所示。若把一多晶体或任一单晶体放在坐标系 A 内，则每个晶粒坐标系的[100]方向只有一般的取向，如图 2.1(b)所示。如果把一个具有起始取向 e 的晶体坐标系做某种转动，使其与一单晶体或多晶体内一晶粒的晶体坐标系重合，转动过的坐标系就具有了与之重合的晶体坐标系的取向。由此可知，取向描述了物体相对于参考坐标系的转动状态，表达了基本的晶体坐标轴在一参考坐标系内的排布方式。可用具有起始取向的晶体坐标系到达实际晶体坐标系时所转动的角度来表达该晶体的实际取向[6]。

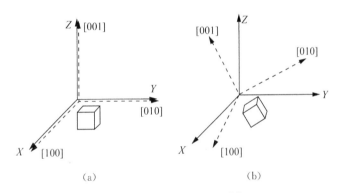

图 2.1　晶体取向的定义[6]

研究者发现材料的性能，20%～50%受晶体织构的影响，织构会影响弹性模量、泊松比、强度、韧性、塑性、磁性、电导率及膨胀系数等。

2.2.2　晶体取向的表示方法

（1）晶体学指数法

晶体的取向一般可用晶体的某个晶面的晶向在参考坐标系中的排列方式来表达。例如，在纤维或者丝中用[$u\,v\,w$]来表示某一晶粒的取向，[$u\,v\,w$]通常是平行或近似平行于纤维或丝的外观方向的轴向；而在立方晶体轧制样品坐标系中用($h\,k\,l$)[$u\,v\,w$]来表示某一晶粒的取向，其中($h\,k\,l$)晶面平行于轧面，[$u\,v\,w$]方向平行于轧向，如图 2.2 所示。

如果在上述参考坐标系中用 $\boldsymbol{g}$ 代表一取向,则有

$$\boldsymbol{g} = \begin{pmatrix} g_{11} & g_{12} & g_{13} \\ g_{21} & g_{22} & g_{23} \\ g_{31} & g_{32} & g_{33} \end{pmatrix} = \begin{pmatrix} u & r & h \\ v & s & k \\ w & t & l \end{pmatrix} \tag{2.1}$$

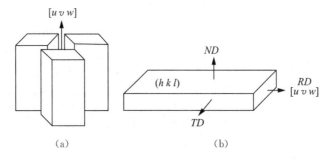

(a)   (b)

图 2.2　用晶体学指数法表示纤维和轧制样品中某一晶粒的取向[6]

如果用式(2.1)表达起始取向 $\boldsymbol{e}$,则有

$$\boldsymbol{e} = \begin{pmatrix} 1 & 0 & 0 \\ 0 & 1 & 0 \\ 0 & 0 & 1 \end{pmatrix} \tag{2.2}$$

由于任何取向的晶体坐标系 $O\text{-}XYZ$ 都可以从起始取向出发经过某种转动使坐标系 $O\text{-}ABC$ 与之结合,所以可用这种转动操作的转角来表示晶体的取向。如图 2.3 所示,根据欧拉角,从起始取向出发,按 $\varphi_1, \phi, \varphi_2$ 的顺序转动,可以得到任意的晶体取向,所以取向 $\boldsymbol{g}$ 可表示成

$$\boldsymbol{g} = (\varphi_1, \phi, \varphi_2) \tag{2.3}$$

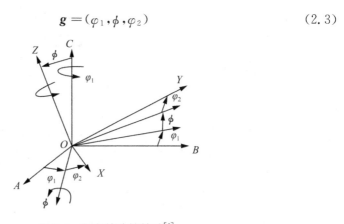

图 2.3　取向的欧拉转动[6]

若用矩阵表示经任意$(\varphi_1,\phi,\varphi_2)$转动所得的取向,则有

$$\boldsymbol{g}=\begin{pmatrix} \cos\varphi_1\cos\varphi_2-\sin\varphi_1\sin\varphi_2\cos\phi & \sin\varphi_1\cos\varphi_2+\cos\varphi_1\sin\varphi_2\cos\phi & \sin\varphi_2\sin\phi \\ -\cos\varphi_1\cos\varphi_2-\sin\varphi_1\cos\varphi_2\cos\phi & -\sin\varphi_1\sin\varphi_2+\cos\varphi_1\cos\varphi_2\cos\phi & \cos\varphi_2\sin\phi \\ \sin\varphi_1\sin\phi & -\cos\varphi_1\sin\phi & \cos\varphi \end{pmatrix}$$

$$=\begin{pmatrix} u & r & h \\ v & s & k \\ w & t & l \end{pmatrix} \tag{2.4}$$

当多晶体各晶粒的取向聚集到一起时,多晶体就会呈现织构现象。

(2) 直接极图表示法

直接极图表示法是把多晶体中每个晶粒的某一低指数晶面的法线相对于宏观坐标系(例如,轧制平面法向 ND、轧制方向 RD、横向 TD)的空间取向分布进行极射赤道平面投影,从而表示多晶体中全部晶粒的空间位向。下面以轧制钢板中某一晶粒为例介绍极射赤道平面投影。如图 2.4 所示,投影球的赤道大圆平面与钢板轧制平面(即试样被测面)重合,轧面法线投影到大圆的圆心,轧制方向与大圆竖直直径相重合,横向与水平直径重合。对于放置在球心的晶体,某晶粒的晶面法线与上半球面的交点为 P',由下半球南极 S 向 P' 点引出投射线,与赤道平面大圆的交点 P 即为此晶面(法线)的极射赤道平面投影。例如,图 2.5 给出了一立方结构晶胞所有的晶面法线的极射赤道平面投影。

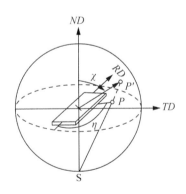

图 2.4　极射赤道平面投影示意图[7]

如果把放置在投影球心的多晶试样中每个晶粒的某一$(h\,k\,l)$晶面法线与投影球面的交点都投影在标明了试样宏观方向 RD、TD 和 ND 的赤道平面上,把极点密度相同的点连线,形成等极密度线,这样便形成了可表示出织构强弱和漫散程度的极图。由于在这个投影图上只投影了$(h\,k\,l)$极点,其他晶面并未投影

出来,因此这个极图便叫作(hkl)极图。对比单晶标准投影图,可对织构进行指数标定。

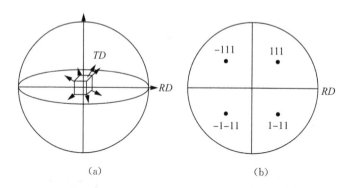

(a) (b)

图 2.5 立方结构晶胞的{111}晶面法线的极射赤道平面投影示意图[1]

(3)反极图表示法

反极图是以晶体学方向为参照坐标系,将多晶材料中各晶粒平行于材料的特征外观方向的晶向均标示出来,从而表现出该特征外观方向在晶体空间中的分布。将这种空间分布以垂直晶体主要晶轴的平面作为投影平面,然后作极射赤道平面投影就可得到此多晶体材料的该特征方向的反极图。反极图表示法可给出织构材料的轧向、轧面法向和横向在晶体学空间中的分布。

(4)三维取向分布函数表示法

极图和反极图均是晶体在空间中取向分布的极射赤道平面二维投影,它们还不能完全描述晶体的空间取向。为了精确且定量地分析织构,需要建立一个利用三维空间描述多晶体取向分布的方法,即取向分布函数(Orientation Distribution Function)分析法,简称ODF。在多晶材料中,每个晶粒上固定安装一坐标系$O\text{-}XYZ$,以晶粒上$O\text{-}XYZ$的坐标架相对于表示材料特征外观方向的坐标架$O\text{-}ABC$的欧拉角$(\varphi_1,\phi,\varphi_2)$作为该晶粒在空间的取向参数,再以$\varphi_1,\phi,\varphi_2$为坐标轴建立一直角坐标架,形成取向空间或欧拉空间。任一晶粒的取向$(\varphi_1,\phi,\varphi_2)$在欧拉空间里均用一点表示。组成多晶材料的各取向晶粒均相应于欧拉空间中的对应点,这就组成该多晶材料的晶粒取向分布。多晶材料中有大量晶粒,每一取向$(\varphi_1,\phi,\varphi_2)$可对应若干晶粒,故其取向密度$\omega(\varphi_1,\phi,\varphi_2)$可确切给出试样中取向位于$(\varphi_1,\phi,\varphi_2)$处的晶粒数量(即出现在该方向上的概率)。$\omega(\varphi_1,\phi,\varphi_2)$定量地表示出织构材料中晶粒取向的空间分布,所以称之为取向分布函数,且常用一组恒ϕ或恒φ_2截面图来显示取向欧拉空间中哪些取向上$\omega(\varphi_1,\phi,\varphi_2)$有最大值及其在空间的散布情况[7]。

2.2.3　取向差

（1）同种晶粒间的取向差

取向关系一般是指不同相之间的晶体学位向关系，同种晶粒间的取向关系用取向差表示，即一个晶粒相对于另一个晶粒的转动关系，用一个旋转轴和一个转角表示。若一个晶粒的取向矩阵为 M_1，另一个晶粒的取向矩阵为 M_2，则二者的关系可定义为 $M_2 = M_{1 \to 2} \cdot M_1$；$M_{1 \to 2} = M_2^{-1} \cdot M_1$。其中 $M_{1 \to 2}$ 为 M_2 取向差矩阵，M_2^{-1} 为 M_2 的逆矩阵。晶粒 2 是由晶粒 1 在 $M_{1 \to 2}$ 的作用下转动后得到的。

（2）不同晶粒间的取向差

当存在两相或多相时，这些相之间也会出现特定的取向关系。此时，相之间的关系一般用某一类面平行和某一类方向平行来表示。比如，珠光体中铁素体和渗碳体的取向关系可表示如下：$(110)_a // (110)_c$，$[111]_a // [100]_c$。

（3）界面法线晶面指数的测定

①两垂直截面法

在两个互相垂直的截面上得到同一界面的两条迹线，并测出这两条迹线在试样坐标系下的矢量坐标。通过两条迹线的矢量叉乘即可得到界面法线在试样坐标系下的矢量坐标。然后，通过取向矩阵算出它在晶体学坐标系下（可以是决定此界面两个相邻相或晶粒的任一个）的晶体学指数。

②间接迹线法

首先在样品截面上找出两个独立的宏观取向不同的界面迹线，测出它们在试样坐标系下的矢量坐标，然后计算出它们在晶体学坐标系下的矢量。假设这两个迹线所属的界面具有相同的晶体学类型，通过它们的矢量叉乘即可得出界面的法线矢量，然后即可算出其晶体学指数。与两垂直截面法相比，间接迹线法无须准备两个垂直截面，使得实验操作得到简化。但由于无法直接确定迹线所属的界面是否具有相同类型，所以由该方法计算出的晶体学指数需要仔细判定。

2.3　强磁场下的晶体取向

2.3.1　概述

材料中的晶体学取向是一个内禀特性，它对材料的物理性能，尤其是各向异性的力学性能和物理性能有着重要的影响。当多晶体具有宏观的统一取向（织构)后,材料往往能表现出优异的物理、力学性能。因此,控制晶体取向有着重要意义[8]。

晶体在磁场中的取向原理是能量最低原理,现有研究集中在晶体在磁场中转向而降低能量方面。这方面仍需对基本模型开展研究,以能准确描述磁场、晶体各向异性、晶体颗粒间相互作用、介质的影响等,为实际应用提供基础。另一方面,一直被忽视的研究课题是,晶体不同方向上的磁化能量有差别,这种差别将影响晶体不同方向上的生长速度,因而影响晶体的形貌,即磁场诱导晶体取向生长。由于磁场较弱,这一方面的研究尚较少。

在讨论强磁场下的晶体取向前,应先了解磁晶各向异性和磁化能各向异性两个概念。在铁磁性物质中,自发磁化主要来源于自旋间的交换作用,这种交换作用本质上是各向同性的。如果没有附加的相互作用存在,在晶体中自发磁化强度可以指向任意方向而不改变体系的内能。但是,在实际的磁性材料中,自发磁化强度总是处于一个或几个特定方向,该方向称为易磁化轴。当施加外场时,磁化强度能从易磁化轴方向转出,此现象即为磁晶各向异性。单位体积物质达到磁饱和所需的能量被称为磁化能,由于晶体的各向异性,沿不同方向磁化时所需的磁化能不同,这就是磁化能各向异性[9]。

(1)磁场下的金属晶体取向变化及发展状况

早期有关磁场下取向的研究主要是在金属材料领域。近年来,有关磁场下金属凝固过程中初生相晶粒取向方面的研究很多,极大地促进了磁取向技术的发展及应用[10]。

磁场应用在技术领域的重要性主要体现在磁场的再结晶退火上,因形变使得新相形核率的增加幅度增大及磁场对组织形核生长的取向具有控制作用,磁场下再结晶退火工艺措施被研究者用于控制晶粒大小与晶界特性、高性能的软磁和硬磁材料的制备以及再结晶织构组织的形成等。在影响晶粒取向方面,磁场的施加会使得晶体中的某种晶粒取向组分强度加强或减弱,甚至改变晶体中原有的取向组分。研究者们利用各种对比性实验(如有无磁场、对称轧制和非对称轧制、与磁场方向平行或垂直或与磁场方向倾斜等)对多种材料进行了磁场退火时晶体取向的研究,得出很多重要结论,如有研究者发现,无论是在有磁场还是无磁场的情况下,对回火后的硅钢试样进行退火,磁场对其晶粒尺寸大小都不会产生什么影响,但是在无取向硅钢片二次退火时对垂直板面施加磁场,其晶粒尺寸和晶粒取向组分强度都发生了变化,即高斯织构{110}<001>组分强度增加,γ-纤维织构<111>//ND 组分的强度降低;沙玉辉等人发现相比于普通退火,磁场退火抑制了试样在非对称轧制时再结晶高斯织构组分的发展,但强化了对称轧制变形时的再结晶高斯织构组分。这主要是因为取向硅钢进行非对称轧制变形时，其工作周向速度不等，相同压量下的应变储能较大，减弱了磁晶各向异性能的作用，导致磁有序降低晶界可动性的作用相对增强。

有研究者对纯铁退火时晶粒的取向做了大量的实验研究，得出以下结论：①在 17 T、1 023 K 条件下，择优取向上的晶粒生长速度比其他方向上都快，且由于顺磁性的铁的磁化率各向异性和磁场引起晶粒生长的驱动力的差异，择优取向上晶粒的比例增加，而其他取向比例有所降低；②在 19 T、803 K 条件下，磁场影响了初期晶界迁移率，使得晶粒生长取向组分代替了冷轧变形时的取向组分；③在 19.4 T、1 023 K 退火条件，不改变轧制时形成的晶体取向组分，然而同样的处理条件，晶粒生长过程中磁场的作用使得铁的磁化率各向异性增强，若将样品倾斜于磁场方向，温度为 303 K 和 243 K 的晶体取向则均有所改变。多位研究人员分别对 Fe-Pd 合金、IF 钢板及 Zn-Al 合金进行了研究，也得到相似的结论，即样品相对磁场的方向不同会导致材料中晶体取向的变化。除此之外，还有研究者发现强磁场可以提高铅合金的回复和再结晶过程[11]。

有学者从经典的磁化理论角度进行理论分析，认为发生磁取向需要满足三个条件：一是晶体需要具有磁各向异性；二是晶体的磁各向异性能大于热力学能；三是周围介质的约束力较弱以至于磁化力能使结晶体发生旋转。

有关磁场下金属凝固过程中初生相晶粒取向方面的研究很多。李喜教授在 10 T 强磁场下进行 Al-Ni 合金定向凝固研究时发现，在无磁场条件下，Al_3Ni 初生相为规则的竖直排列"树枝状"晶，而施加 10 T 的磁场后，初生相的排列方向发生变化，由竖直方向变为水平方向，形成层状组织。这是因为 Al_3Ni 晶体具有显著的磁各向异性，在足够强的磁场条件下可以形成规则取向的组织结构。

（2）晶体取向的其他领域研究

除上面所述的研究之外，研究者还对强磁场高分子聚合物和陶瓷材料的晶体取向进行了研究，发现在聚合物熔融-结晶过程中，施加强磁场会诱导结晶质聚合物分子排列，排列的基本原则是存在具有磁各向异性的有序结构域；同时，强磁场能够有效控制陶瓷晶粒的取向行为，继而获得织构化的陶瓷材料。在其他非金属复合材料的制备中，施加强磁场也能诱导出取向组织，在磁场下可制备具有取向结构的羟基磷灰石/胶质复合材料。对于有机分子而言，在室温下单个分子的磁各向异性能远远小于热能。但是，当分子在形成晶体过程中排列成有序结构时，磁各向异性能变得和热能一样大，晶体在磁场作用下就能克服热扰动而发生取向，这种磁取向已在多种有机物晶体中观察到，如苯甲酮、联二苯、叶绿素和纤维蛋白等。

对于生物体有机晶体的取向，很早就有了相关的研究。有研究者研究了磁场对绿藻中叶绿素荧光的影响，发现如果激发光束平行于磁场，则叶绿素荧光增强 4%～9%；如果激发光束垂直于磁场，则叶绿素荧光减弱 4%～9%。进一步研究发现，这种现象是色素分子在磁场下再取向造成的。另有研究者发现磁场下进行聚合反应能够获得高取向的纤维蛋白胶体，这种磁取向也已经成功地在细胞膜、圆柱病毒等有机体的组织结构中实现。蛋白溶菌酶因为其结构为简单的四方晶体而得到广泛研究。有研究者发现，蛋白溶菌酶的 c 轴沿磁场方向取向，并且溶菌酶晶体只有达到某一临界尺寸时才开始沉积，他们估算在 0.1～0.2 T 的磁场下，临界尺寸为 1～2 μm。无磁场时，溶菌酶的生长方向是随机的；但是，在磁场下，溶菌酶明显沿垂直磁场方向取向，且磁场越大，取向程度越高。这些研究明确地证实了利用磁场是获得取向生物蛋白质的一项非常有价值的技术，因而得到了广泛的关注[12]。

控制无机材料取向行为能提高其力学性能、导电性能和压电性能等，因此制备择优取向排列的无机材料有着重大意义。1987 年，有研究表明在 9.4 T 强磁场中，将高温超导材料 $Y_1Ba_2Cu_3O_{7-\delta}$ 与环氧树脂在室温下混合固化，晶体以磁化率最大的 c 轴平行磁场得到大体积织构化的组织。这表明只要顺磁性晶体受到的磁各向异性能足够大，就能在磁场中发生旋转而形成定向排列的组织。此后，在强磁场下，多种高温超导材料被分散于庚烷、氯仿、环氧树脂和异丙醇等有机物基体中，均得到类似的实验结果。对于有机分子，单个分子在室温下的磁各向异性能远小于热能，但分子形成有序结构的晶体时，磁各向异性能和热能一样，取向最终能在磁场作用下克服热扰动形成。将抗磁性的石墨和纤维素分别分散于环氧树脂和水溶液中，于室温下置于磁场中，也发现了规则排列取向的现象，晶体磁化率绝对值最大的晶轴垂直于磁场方向[13]。

2.3.2 强磁场对不同性质物质取向的影响

研究表明，强磁场对铁磁性、顺磁性、抗磁性物质等的取向行为都有显著的影响。在铁基合金中，有很多固态相变，当母相与新相之间的磁矩相差较大时，可以利用磁场控制相变，而相变和晶体取向之间有着千丝万缕的联系，在研究二者之一时往往避免不了对另外一者的研究和介绍。磁场对相变过程的影响，不仅仅是由磁矩差别引起的，还有磁晶体的各向异性、形状各向异性及磁致伸缩等因素，这些因素都能影响新相的形核、扩散生长、晶界移动等。众多研究表明，施加磁场可以很好地诱发铁基材料产生明显的取向行为。

对于顺磁性物质，强磁场可以控制高温超导材料中的晶体生长取向，改善高温超导材料的组织与性能。研究者在对顺磁性物质的强磁场处理进行研究时发现,磁场不但能提高材料的织构度,而且能明显改善晶界的连接性。外磁场对织构形成具有较大的促进作用,从而影响顺磁性物质晶体的取向行为。

强磁场对抗磁性物质的生长行为也具有一定的影响。在强磁场下,抗磁性苯甲酮晶体轴垂直于磁场方向定向排列,并且有晶体长大现象,这主要是由晶体的抗磁性各向异性磁化率引起的[14]。

2.3.3　磁场下晶体的能量变化及晶体磁化过程

从热力学角度来说,晶体内部达到平衡时表明磁畴结构已经形成。在该状态下,系统的总自由能最低。因此,研究磁场作用下晶体的微观结构变化和磁化过程有必要从晶体内的能量变化角度去考察及分析。

晶体的总自由能 F 为:

$$F = U - TS \qquad (2.5)$$

式中,U 为内能;T 为温度;S 为熵。

不考虑温度的影响,可近似有 $F = U$,即自由能＝内能。晶体内的能量包括以下五种:

①电子自旋间的交换能,用 F_{ex} 表示。由于晶体内部相邻电子间自旋的夹角很小,故其自旋取向会随着格点的不同而改变。这样,从晶格对称性的角度出发,大多采用朗道或栗弗席兹的方法来计算交换能的平衡偏差。

②磁各向异性能,用 F_k 表示。

③磁弹性能,用 F_σ 表示。它是晶体的磁性与晶体形变相互影响产生的能量。

④外磁场能,用 F_H 表示。外磁场中的晶体受到的来自磁场的能量形式。处于磁场中的晶体势能随着磁化强度的方向而变化,故随取向变化的磁势能即为外磁场能。

⑤退磁场能,用 F_d 表示。晶体自身的磁化强度与退磁场相互作用产生的能量。

因此,晶体内部的总能量 F 为五种能量之和。

处于外磁场中的晶体,可由以下四个方面描述其被磁化的过程,结合图2.6进行简单介绍。

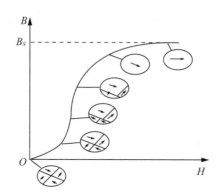

图 2.6 铁单晶的磁化过程[15]

（1）畴壁的可逆位移阶段

无磁场时，晶体内部各磁畴及磁矩方向杂乱无章，此时外磁场强度 H 和磁感应强度 B 均为零。当晶体置于外磁场中时，晶体内部与外磁场方向一致的磁畴开始长大，而其他磁畴则减小，该过程为畴壁的可逆位移。

（2）畴壁的不可逆位移阶段

当磁化强度随着外磁场强度 H 的变化而增大到某一定值时，会发生磁畴合并。此时，畴壁因磁畴结构的变化产生不可逆位移，即使晶体脱离于外磁场，畴壁也无法变回初始形态。图 2.6 中磁化后的铁单晶最终会变为一个单畴。

（3）磁矩的偏转

晶体的畴壁移动结束后会形成磁矩的偏转，偏转方向逐渐靠近外磁场。对于图 2.6 中的铁单晶，其磁矩的最终方向将平行于外磁场方向。

（4）趋近饱和阶段

晶体的磁化过程结束后，其磁感应强度达到饱和。由上述内容可知，晶体的磁化包括畴壁位移和磁矩偏转两个过程。晶体磁化时会引起系统自由能增加，故晶体的磁化会受到其内部磁晶各向异性能的阻碍。

一般金属铁晶体在外磁场能量作用下偏转，其总能量变化 ΔF_T 可表示为外磁场能的变化 ΔF_H 与阻碍偏转的能量变化 ΔF_R 的代数和。

首先分析外磁场能。外磁场能会根据磁化强度的取向不同而改变，晶体在外磁场中受到磁力矩作用发生偏转时所增加的磁势能 E_H 为：

$$E_H = -\mu_0 H M_S \cos\theta \tag{2.6}$$

式中，μ_0 为真空磁导率；H 为外磁场强度；M_S 为磁畴内的自发磁化强度；θ 为 H 与 M_S 的夹角。

　　然后分析阻碍晶体偏转的各种能量。由最小自由能原理可知,晶体处于退磁状态时内部能量最低,故晶体的磁化会引起退磁场能和磁晶各向异性能的增加。当样品的成分均匀且退磁场可忽略不计时,磁晶各向异性能就成为晶体磁化过程的主要阻力[15]。

2.3.4　晶体的强磁取向条件

　　因为磁各向异性晶体在磁场中受到磁力矩的作用,晶体磁化的方向与磁场方向不平行时,会使晶体发生转动,形成取向,从而导致强磁场诱导磁各向异性的顺磁性晶体以磁化率最大的晶体轴平行磁场取向,抗磁性晶体以磁化率绝对值最大的晶体轴垂直磁场取向。此现象可分别由顺磁质和抗磁质的特性解释:由于顺磁质的附加磁矩相当小,因此受到磁化影响的主要是分子磁矩,而分子磁矩的取向是趋向于与外部磁场一致的,由这些具有一致磁矩的分子形成附加磁场,加强了原磁场;而抗磁质受到磁化影响的只有附加磁矩,但附加磁矩与外磁场方向相反,故会使得原磁场得到削弱。

　　综上所述,施加磁场后,发生晶体取向通常有三个必不可少的条件。

　　①晶体元胞具有磁各向异性。

　　②磁化能应该大于热能。

　　对于非磁性材料,在磁场中的磁化能 U 也可以表示为:

$$U = \int_0^{\frac{B}{\mu_0}} M \mathrm{d}B_{\text{in}} \tag{2.7}$$

式中,M 是磁化强度;B 和 B_{in} 分别是外加磁感应强度和物质中的磁感应强度;$\mu_0 = 4\pi \times 10^{-7} \text{H} \cdot m^{-1}$ 为真空磁导率。从能量的角度分析,磁场使晶体取向的原理是:晶粒受力矩作用转到一稳定的方向,以便减少磁化能。对 U 进行积分,得到

$$U = -\frac{\chi}{2\mu_0(1+N\chi)}B^2 \tag{2.8}$$

此式表明,粒子具有磁各向异性时,不同方向磁化率不同,磁化能也不同。则磁化能大于热能,即为

$$|\Delta U| V > kT \tag{2.9}$$

$$\Delta U = U_i - U_j \tag{2.10}$$

$$U_i = -\frac{\chi_i}{2\mu_0(1+N\chi_i)}B^2 \tag{2.11}$$

式(2.8)~式(2.11)中,N 为消磁因子;V 为粒子的体积;ΔU 是晶体不同方向下的磁化能差;k 是波尔兹曼常数;T 是热力学温度;下标 i、j 表示晶体的不同方向;χ 为磁化率;μ_0 为真空磁导率。

③材料应存在于足够弱的约束介质中,以至于微弱的磁化力能使晶体发生转动。

实际上,晶体发生旋转时为自由的取向空间和时间。但是,建立在体系磁化能最小基础上的这种旋转取向理论只能定性地解释强磁场中的晶体取向现象,无法定量地分析晶体取向的过程和取向程度[16]。

2.3.5　晶体的磁各向异性

磁各向异性按照其起源的物理机制可以分为:磁晶各向异性、形状磁各向异性和感生磁各向异性等。其中,磁晶各向异性和磁化率是指磁化的难易程度,与晶体结构相关,反映的是结晶磁体的磁化与结晶轴有关的特性。形状磁各向异性是指在凝固过程中,当析出与熔体磁化率不同的结晶物时,伴随着凝固而发生的磁化能的变化还与形状有关,它反映的是沿着磁体不同方向磁化与磁体几何形状有关的特性。当非磁性的熔体中析出磁性结晶物时,如果结晶物的形状为板状和棒状,则在其轴向与磁场方向平行时,磁化能最低。由于磁各向异性的晶体在强磁场中以不同的晶体轴平行磁场时所受的磁化能不同,故当晶体能够自由转动时,将会在磁场中受到磁力矩的作用,发生旋转,直至所受磁化能最小,这就是磁场中磁各向异性晶体的强磁取向作用。而所谓易磁化方向就是磁晶各向异性能最小的方向。

一般来说,影响磁各向异性的因素有很多,包括样品形状、晶体对称性、材料内部的应力等。总体来说,磁各向异性的两个主要起源是自旋对模型下自旋与自旋间偶极相互作用和单离子模型下自旋本身的自旋轨道相互作用。偶极相互作用是一种长程相互作用,它一般影响与样品形状相关的磁各向异性,即形状各向异性。这种相互作用对薄膜尤其重要,特别对面内磁化的薄膜影响更为巨大。如果不考虑磁偶极和自旋轨道相互作用,电子自旋系统的总能量不依赖磁化的方向。在局域体系中,自旋是通过自旋轨道相互作用与轨道发生耦合,因此,自旋会被晶格点阵所影响。而对于巡游电子体系来说,自旋轨道相互作用会产生一个小的轨道磁矩,然后会将总的磁矩(包括自旋和轨道磁矩)耦合到晶体轴上,最终导致体系的总能量依赖于材料相对晶轴的磁化方向,即反映了晶体的对称性。这就是我们熟知的磁晶各向异性。与块材相比,薄膜界面处存在更低的对称性,这种对称性破缺会容易产生界面各向异性或者表面各向异性,使得磁矩倾向于面外或面内的排布,这是材料产生各向异性的起源。除此之外,与邻近原子波函数叠加相互协调,自旋轨道相互作用也会对应力诱导的磁弹或者磁致伸缩各向异性起主要作用。这些通常在多层膜体系中可以观测到,如多层膜体系的邻近层之间由于较大的晶格匹配会引进应力的贡献,这部分贡献会影响到材料的磁各向异性[17]。

2.3.6　晶体旋转取向的机制及模型

研究表明,对外表现出明显磁各向异性的铁磁性晶体,将其置于较弱的磁场中,由于受到磁力矩的作用,能形成有一定规律的晶体学取向;而对于磁各向异性较强的非铁磁性晶体,只要磁感应强度足够,就能在磁场的作用下形成晶体学的取向关系。形成这种现象的原因如下:将对外表现出磁各向异性的晶体置于外加磁场中,在物质发生磁化时,不同方向的磁轴上磁性不同,在磁场中排列时,沿不同晶轴所受的磁化能量值也不同,这些能量的差值驱使晶体在磁场下转动,改变晶体不稳定的状态,最终使晶体在磁场中处于能量最低的位置,达到受力平衡的稳定状态,形成晶体学取向。

对于一个顺磁性晶体,c 轴是其唯一的易磁化轴。在没有外磁场时,单个晶体在磁化作用下,能沿其易磁化轴发生自发磁化,形成的磁畴大小相等,方向相反,原子总磁矩为零,对外不表现出磁性。把硬质相设想为旋转椭圆形晶体,其中点是 O,a 和 b 代表长轴和短轴半径($a > b$),且长轴方向与 c 轴平行。引入外磁场 H_{ex},θ 是 c 轴与磁场的夹角,也就是易磁化方向与磁场存在一定的夹角,使位于磁场中的晶体受到相应的磁力矩作用,如图 2.7 所示。若晶体所处环境无转动阻力或阻力很小,磁力矩就能使其沿顺时针方向转动,促使晶体易磁化方向接近磁场方向,改变了晶体原先的磁化状态,使晶粒所受力矩变小,同时磁各向异性能最低,处于稳定状态[18]。

在合金凝固过程中施加磁感应强度为 B 的磁场时,熔体中的初生晶体会被磁化并且诱发磁力矩。由于其处在液态介质(即合金熔体)中,在磁力矩的作用下,初生晶体可能会发生旋转,使其易磁化轴向磁场方向靠拢,从而使磁化能逐渐减小至最低状态,但晶体在旋转的过程中还会诱发阻碍其旋转的洛伦兹力和黏滞阻力。实际上,晶体的旋转取向是一个动态的稳定过程,需要一定时间来完成。如果初生晶体的旋转时间超过了两相区的持续时间,则晶体达不到其最稳定的能量状态,因此晶体的最终取向与合金的冷却速度密切相关。

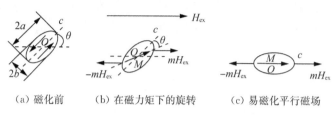

(a) 磁化前　　　　(b) 在磁力矩下的旋转　　　(c) 易磁化平行磁场

图 2.7　晶体在磁场中的旋转取向模型[18]

从能量角度分析,磁场使晶体取向的原理是,晶粒受力矩作用转到一稳定的方向,以减少磁化能。对于在各个方向上磁化率不同的磁各向异性晶体,其在磁场中有两个可能的取向机制:

①通过转动形成取向;

②通过在磁场中优先长大形成取向。

分析认为,弱磁性金属和合金在磁场中凝固时主要以旋转取向机制形成凝固组织。从动力学角度来看,存在两种理论模型。

第一种是将晶粒作为球体,假设晶粒具有磁各向异性,即沿着不同方向的磁化率不同,晶粒发生转动的驱动力来自磁各向异性的作用 T。可以用如下公式表示:

$$T = \frac{1}{2\mu_0} V \Delta \chi B^2 \sin 2\theta \tag{2.12}$$

其中,$\Delta \chi = \chi_1 - \chi_2$;$V$ 为球体体积;B 为磁感应强度;μ_0 为真实磁导率;θ 是磁化方向 χ_1 与外加磁场方向的夹角。而阻碍晶粒发生转动的阻力矩由洛伦兹力和黏滞阻力产生。

洛伦兹力产生的阻力矩 L 可以表示为:

$$L = \frac{4}{15} \pi r^5 \sigma B^2 \frac{\mathrm{d}\theta}{\mathrm{d}t} \tag{2.13}$$

黏滞阻力产生的阻力矩 R 可以表示为:

$$R = 8\pi \eta r^3 \frac{\mathrm{d}\theta}{\mathrm{d}t} \tag{2.14}$$

其中,r 是晶粒的半径;σ、η 分别是熔体的电导率和动力学黏度。

第二种是将晶体作为椭球体,椭球体的长轴与短轴具有不同磁化率,这种晶粒既具有磁晶各向异性,又具有形状各向异性。而使晶粒转动的驱动力矩和第一种理论模型具有相同的形式,只是表达式中磁化率差变为:$\Delta \chi = \chi_a - \chi_c$,其中,$\chi_a$ 和 χ_c 分别为椭球体晶粒的长轴和短轴方向的磁化率。其阻力矩 T_f 的表达式为:

$$T_f = \frac{16\pi}{3}\eta(c^4-a^4)\bigg/\left(\frac{2c^2-a^2}{\sqrt{c^2-a^2}}\ln\frac{c+\sqrt{c^2-a^2}}{a}-c\right)\frac{\mathrm{d}\theta}{\mathrm{d}t} \qquad (2.15)$$

其中,a、c 分别为椭球体晶粒的半长轴和半短轴的长度;η 表示熔体的动力学黏度[19]。

假定晶粒在转动过程中易磁化轴始终作为晶体的磁化方向,把每个晶粒看成是磁偶极子,晶体的 c 轴与设想的椭圆模型的两个交点就是正、负磁极,磁场下晶粒受到的磁力矩 L_V 可由如下公式计算:

$$L_V = -2amH_{ex}\sin\theta \qquad (2.16)$$

其中,a 是椭球体晶粒的长轴半径;m 为晶粒的磁极强度;H_{ex} 为外磁场强度;θ 是 c 轴与磁场方向的夹角;负号表示晶体沿顺时针方向旋转。

具有磁各向异性的晶体在熔池金属液中发生旋转,形成规则排列组织的过程中还受到一定的阻碍作用,主要包括熔池金属液的热扰动、黏滞阻力以及晶粒之间的碰撞、熔池金属液中无规则的对流运动等。被磁场磁化后的相邻晶粒受到磁性相互作用力,间接地影响着晶体的取向,改变了析出相的分布。在旋转的晶粒的形态和大小相近时,如果晶粒的数量较多,则晶体间距较小,这就增大了各晶粒间发生碰撞的概率,影响组织定向排列的阻力也随之成倍地增大。然而,具有磁各向异性的晶体在形成规则排列组织的过程中,旋转的晶粒间发生的碰撞较为复杂,有时在相邻晶粒的旋转取向空间发生重叠时,也可能不会发生碰撞,相邻晶粒的转动方向以及晶粒间的位置关系都可能对碰撞产生影响。同时,磁性相互作用力也在一定程度上影响着熔池金属液中旋转晶粒的碰撞。

实际上,研究发现,晶体形成定向排列组织的驱动力的影响因素主要有以下三点:①与体系相关的参数,如转动晶粒的体积、易磁化轴 c 轴与磁场间的夹角;②引入外磁场强度;③旋转晶粒单位体积磁化率,不仅关联到物质的磁性能,也是环境温度的函数,同时磁场强度也对其有相应程度的影响。

以下探讨球形晶粒旋转取向的有效尺寸。晶体取向的研究大多是在熔融状态下进行的,晶粒在液态介质中的分散状态,往往会受到布朗运动和重力的影响。晶粒尺寸越小,布朗运动起的作用就越大;晶粒的尺寸越大,重力起的作用就越大。在磁场中,如果晶粒的尺寸太小,晶粒在磁场的作用下会无法克服布朗运动的影响,就不能形成取向;如果晶粒尺寸太大,晶粒会在形成取向之前由于重力的作用而沉降,也不能形成取向。研究者对晶体取向过程中晶粒的有效尺寸范围进行了研究,得出了最小晶粒尺寸 r_{min}、最大晶粒尺寸 r_{max} 及布朗运动和重力作用的临界尺寸,并对其进行了分析。

(1) 当尺寸比较小的晶粒分散在液态介质中时,布朗运动会对其产生更大的作用力,而重力的作用可以忽略不计。如果要在磁场下实现晶粒的旋转取向,晶粒必须具有较大尺寸去克服布朗运动的影响。也就是说,晶粒旋转取向所需的时间必须小于由布朗运动所影响的旋转所需时间。在这个条件下,得到了取向所需的最小晶粒尺寸,表达式如下:

$$r_{min} = \sqrt[3]{\frac{3kT\mu_0}{2\pi \mid \Delta\chi \mid B^2}} \qquad (2.17)$$

当晶粒尺寸超过这个值时,晶粒不受布朗运动的制约影响,会在强磁场中形成旋转取向。

(2) 悬浮液液态介质中的晶粒尺寸越大,受到的重力作用就越显著,而布朗运动可以忽略不计,此时要求晶粒必须在沉降到底部之前完成旋转取向,将晶粒所处初始位置到模具底部的距离定义为 L,则得到最大晶粒尺寸表达式如下:

$$r_{max} = \sqrt[3]{\frac{3 \mid \Delta\chi \mid B^2 L}{4\mu_0 g(\rho_p - \rho_l)}} \qquad (2.18)$$

其中,g 是重力加速度;ρ_p 是晶粒的密度;ρ_l 是液态介质的密度。如果晶粒尺寸大于这个最大值,晶粒就会沉降到模具底部而不形成取向;如果晶粒尺寸小于这个最大值,晶粒就会形成取向。

(3) 当布朗运动作用下的晶粒的沉降速度大于由重力作用引起的沉降速度时,重力的作用是可以忽略的。在这个条件下得到了布朗运动和重力作用下的晶粒临界尺寸,表达式如下:

$$r_c = \sqrt[7]{\frac{243kT\eta^2}{8\pi eg^2\rho_p(\rho_p - \rho_l)}} \qquad (2.19)$$

对于球形晶粒,当晶粒尺寸为 $r_{min} < r < r_c$ 时,即使有布朗运动的存在,晶粒也能够实现其旋转取向,所以在此范围内,布朗运动对晶粒旋转取向没有影响。当晶粒尺寸为 $r_c < r < r_{max}$ 时,即使有重力的存在,晶粒在沉降到模具底部之前就已形成取向,所以在此范围内,重力作用对晶粒旋转取向没有影响。以上研究仅仅是对于球形晶粒的取向而言,也就是说,想要在强磁场下实现抗磁性晶粒的取向,所选用的晶粒尺寸要处于上面分析的尺寸范围内[20]。

2.4 影响晶体取向的宏观因素和微观因素

2.4.1 晶粒间的相互作用对晶粒旋转取向的影响

在实际的实验过程中,浆料体系中分布着多个晶粒,晶粒在旋转取向过程中会使晶粒间距离发生改变,当晶粒间距离变得异常小时,需要考虑晶粒间相互作用对晶粒旋转取向的影响。在强磁场下多晶粒体系的旋转取向中,晶粒间的作用力主要表现为三个方面:晶粒间的直接碰撞作用、晶粒通过流体产生的非接触性的间接作用和磁化后晶粒间磁性相互作用。

(1)晶粒间的直接碰撞作用

在浓度较高的浆料体系中,晶粒间的碰撞会频繁发生,晶粒间的相互作用会对液相和固相晶粒的分布产生影响。特别是在强磁场作用下,晶粒会发生旋转取向,达到系统能量最低的位置,而晶粒的相互作用即碰撞过程会对晶粒的取向过程产生影响。液态介质中晶粒间是否发生碰撞,取决于相互位置和相对运动。在晶粒的碰撞过程中,晶粒间的受力情况是相当复杂的。目前,晶粒碰撞过程研究的主要模型包括硬球模型、软球模型和直接模拟蒙特卡罗法(DSMC)。硬球模型只是点接触,不考虑晶粒的碰撞过程,不能得到晶粒静态系统的动态分析。软球模型会考虑到一个晶粒与多个晶粒的同时接触,能处理多个晶粒的相互作用,其中假设晶粒间的接触会有部分重叠,此过程会持续一段时间,晶粒接触时的接触力能够通过变形、缓冲和滑移过程中的受力分析来确定。DSMC 一般因与硬球模型相结合而被视为硬球模型的变化形式,它是为了减少晶粒碰撞事件的计算量,基于概率抽样的方法确定晶粒间碰撞发生与否的随机性离散颗粒模型。从软球模型角度分析,在晶粒间碰撞过程中,晶粒会受到法向力和切向力的作用,而由于受到阻尼力的作用,晶粒的动能或机械能会产生耗损。如果晶粒间发生滑移,还存在滑动摩擦力,甚至会产生滚动摩擦力。晶粒间的接触力情况十分复杂,在晶粒间发生碰撞前和碰撞后,晶粒运动的方向和速度会发生很大的变化。

另外,当强磁场施加于多晶粒体系时,具有磁各向异性的晶粒会形成旋转取向。在旋转过程中,晶粒间会受到由强磁场作用而引起的晶粒旋转产生的碰撞作用。对于简化后的半径为 r 的球形晶粒,在自由分散的浆料体系中,如果不考虑会发生碰撞,球形晶粒需要的旋转空间为球形的体积,即 $4/3\pi r^3$。然而这种理想的状态在实际实验中是不存在的,即使是球形晶粒,在旋转取向过程中,由于布朗运动的存在,也不能避免其旋转取向空间内有其他晶粒的存在,晶粒间仍会发生碰撞。当体系中晶粒数量比较多时,晶粒间距离会随之缩短,晶粒间的碰撞概率就会增大,导致碰撞引起的作用力更复杂,晶粒的旋转取向就会受到更为复杂的影响。因此,在这种固液两相流系统中,将晶粒间的直接碰撞产生的作用等效于晶粒周围液态介质黏度的变化,从而形成对晶粒旋转的影响。为了更加清楚地表达这种作用关系,对两相系统的表观黏度系数 η 即实验所测的黏度系数进行修正,引入两相混合物的等效动力黏性系数 η_{eff},其表达式如下:

$$\eta_{\mathrm{eff}} = \eta \cdot \exp\left(\frac{2.5\alpha_{\mathrm{p}}}{1 - S\alpha_{\mathrm{p}}}\right) \tag{2.20}$$

其中,α_{p} 是晶粒相浓度;S 为纯系数,且 $1.35 < S < 1.95$。

当晶粒相浓度很小时,上式可以简化为 Einstein 公式:

$$\eta_{\mathrm{eff}} = \eta \cdot (1 + 2.5\alpha_{\mathrm{p}}) \tag{2.21}$$

(2) 晶粒间的间接作用

在浆料体系中,晶粒之间存在一定距离而不发生直接碰撞时,晶粒会通过液相而产生非直接的作用影响其运动状态。当晶粒间距离缩小时,距离受到液相所施加的阻力和升力会发生变化,晶粒周围的液相场状态也会发生变化。晶粒间非直接作用最经典的现象就是管道内沉降的两个晶粒会发生拖拽—接触—翻滚。晶粒在下降运动过程中,随着下降速度的增大,处于下方晶粒后的涡旋会增强,处于上方的晶粒会受到这个涡旋的作用,从而使运动状态发生较大的改变。当上方晶粒进入下方晶粒的涡旋低压区时,其所受阻力变小,沉降速度增大,进而大于下方晶粒的沉降速度,此时上方晶粒追赶下方晶粒,两个晶粒的间距减小直至相互接触。两个晶粒接触后带来的微小扰动使得它们发生翻滚,上方晶粒运动到下方晶粒的下方,随后分离。另外,对于亚微米级的晶粒,研究者发现晶粒间普遍存在着吸引—旋绕—排斥的作用,这种情况类似于上面提到的拖拽—接触—翻滚现象。当两个晶粒接近时,由于晶粒间较强的相互作用,晶粒间形成相互关联,晶粒对在较远处由于吸引作用而加速靠近,同时也伴随着晶粒的相互旋绕,当晶粒间距离达到最小时,晶粒对发生快速旋绕并迅速排斥分离。

从上面的描述可以发现,液相中的晶粒间会发生如上的间接作用,这种作用会对晶粒的运动状态产生影响。在施加外磁场时,晶粒在旋转取向过程中也会受到这种作用力的影响。为了清楚地表达这种间接的作用关系,下文将其等效于周围晶粒对目标晶粒产生的黏滞阻力。因此,对晶粒受到的黏滞阻力进行修正,引入黏滞阻力修正因子 f。修正因子 f 受晶粒雷诺数和晶粒所处局部晶粒

浓度等影响,表达为两个修正因子的乘积:

$$f = C_a C_b \tag{2.22}$$

其中,C_a 是与晶粒惯性有关的修正因子,根据雷诺数 Re 的不同,C_a 具有不同的表达方式,若雷诺数大于 1,则有 $C_a = 1$,对于亚微米级的晶粒,C_a 小于 1;C_b 是由晶粒周围存在的其他晶粒的相互作用而引起的,$C_b = (1-\phi)^{-\beta}$。

（3）晶粒间磁性相互作用

任何物质都具有某种程度的磁性,将其置于强磁场下均能被磁化,晶粒除了受到外磁场作用力,还会受邻近晶粒的磁性相互作用力。每一个处于强磁场下的晶粒都会受到磁化作用而成为磁偶极子,抗磁性的陶瓷晶粒也不例外。那么在晶粒旋转过程中,磁化后晶粒间的磁性相互作用力就会对其产生影响。强磁场下的具有磁各向异性的抗磁性陶瓷晶粒会被磁化,每一个晶粒类似于一个磁偶极子,两个晶粒之间的作用力与静电荷之间的作用力类似。对于抗磁性的陶瓷晶粒,由于晶粒间磁性作用力比较小,所以对晶粒在液态介质中的分布状态影响小,甚至可以忽略。对于顺磁性的晶粒,晶粒间磁性作用力的影响也可能很小,这取决于晶粒间距离的大小。而对于铁磁性的晶粒,由于晶粒间磁性作用力大,晶粒的分布状态会受其影响而发生较大变化[21]。

2.4.2　宏观因素的影响

上述影响因素是晶体之间的微观作用力,属于微观世界,此外宏观世界也有不少因素影响强磁场下的晶体取向。强磁场下晶体取向的几个较大影响因素有:体系温度、磁场强度和梯度、第二相的体积和形状等。

体系中的温度及晶粒自身形状也会对取向造成影响,以第二相为例。体系中的温度对晶体取向的影响表现为分子热运动（旋转布朗运动）对晶体取向的扰动。对于熔体中微小的球形第二相,分子热运动造成第二相做无规律的旋转布朗运动。研究表明,体系温度越高,第二相在高温熔体中的布朗运动越剧烈。利用强磁场取向必须克服旋转布朗运动的扰动,即磁场的取向时间必须小于第二相运动的弛豫时间。温度对第二相取向的影响实际上是对第二相体积的选择,在实际生产中,利用已有研究理论可以确定晶体取向所需的最小磁场强度,或者能确定晶体取向所要求的最小尺寸 r_{min}。实际熔体中第二相常见的形状有棒针状、块状、层片状等,不同形状的第二相所受的力矩也不同,进而影响其运动[22]。

2.4.3　个体参数对晶体取向的影响

在磁场晶体取向研究中,晶体尺寸和外加磁场的性质是两个极其重要的参数。磁性晶体在外加强磁场的作用下发生转动的必要条件之一是其尺寸需达到一定大小,也就是磁性晶体的旋转取向过程发生在形核之后。研究表明,当磁性晶体的尺寸生长到大于旋转所需的临界尺寸的时候,以此刻的状态为取向过程的初始状态来进行计算,磁性晶体在外加磁场的作用下,角度的总体变化情况是由快到慢,最终达到平衡状态。在初始时刻晶体处于静止状态,此时晶体偏离平衡状态最远,受到的动力矩最大,但同时周围熔体对晶体的表面应力也最大,晶体在开始转动后,由于初始时刻的角速度等于零,角速度的变化有一个从零增至最大的过渡,晶体角度也随之从过渡段逐渐转向平衡位置,使角度变小。在最终状态,由于动力矩所具有的动能已经完全用来克服阻力做功,会使磁性晶体静止在平衡位置,则此时磁性晶体的易磁化轴平行于磁场方向。

在晶体的长径比和周围熔体的黏度不发生变化的情况下,晶体的取向时间和外加磁场的磁感应强度是有一定变化规律的,呈现反比的关系。而在转动的过程中,随着外加磁场强度的增大,晶体瞬时角速度的最大值亦会随着外加磁感应强度的增大而增大。

通常来说,旋转取向空间不变的情况可以适用于磁各向异性晶体,因为磁各向异性晶体的动力矩与晶体的易磁化轴和非易磁化轴构成的磁化率差值有关。随着磁性晶体的磁化率逐步增大,晶体在平衡位置上的取向时间逐步缩短,磁化率越大,相应的动力矩就越大,磁性晶体取向衰减的振幅就越大,这也符合能量守恒定律。

(1) 冷却速度

不同冷却速度对于取向时间内长径比的影响是比较小的,那么在精度要求不高的情况下,其对磁性晶体在外加强静磁场情况下的快速旋转取向的影响也是可以忽略不计的。倘若不考虑磁性晶体周围熔体的流动对其产生的作用力以及热电磁流体力学效应,可以认为在取向过程中,磁场对晶体的生长形貌的影响是很小的,这也从一个侧面说明了外加磁场对晶体的生长形貌的影响是微小的,则强磁场条件下的晶体尖端生长利用常规凝固过程中的尖端生长动力学模型应该是可以的。

(2) 枝晶尖端生长

研究表明,磁性晶体在旋转过程中的尖端生长,导致晶体在各个轴向上长度增大,使晶体所需的取向空间变大。在凝固过程中,对于顺磁性晶体而言,磁性晶体以及周围熔体的温度的降低必然导致晶体的磁化率增大,至于易磁化轴和非易磁化轴的磁化率差值的变化情况不得而知,但倘若在磁偶极子模型当中,磁荷磁化率的增大必然会导致磁力矩的增大。正是由于尖端生长时的影响,才使考虑生长情况下的取向时间比不考虑生长情况下的取向时间明显缩短。

此外,在磁性晶体旋转取向所需空间不变的情况下,长径比值越小,达到最终的平衡位置所需要的时间就越短。这是因为长径比值越小,对于整个椭球体来说,其外形就越接近于球形,当其旋转时,周围熔体对椭球表面的切应力就越小,减小了阻力矩,从而缩短了旋转时间。当长径比一定的时候,黏度越大,则取向时间越长;当黏度一定的时候,长径比越大,所需的旋转取向时间越长;随着黏度的增加,不同长径比的取向时间的差值逐渐增大[23]。

2.4.4　晶体的聚合分析

人们在研究 Al_3Ni 合金时发现,磁性晶体间的引力产生的促使磁性晶体旋转的力矩远远小于单个晶体在外加强磁场下产生的磁力矩,所以说,当磁力矩使旋转晶体在很短的时间内完成取向的时候,晶体间的引力矩对于旋转晶体的旋转效果完全可以忽略不计。在旋转晶体取向结束后,由于自身的生长,在较短的时间内晶体会迅速长大,使此晶体与另一静止晶体间的间距变小。当晶体间距小到某一临界值的时候,引力矩有可能会增大到可以明显改变晶体的平衡取向,但是由于此时的晶体间距非常小,以至于晶体几乎不可能发生旋转,或者在旋转取向的时间间隔内,晶体已经生长到发生与另外一个晶体接触并在两个晶体的表面张力的作用下聚合在一起的现象。

实际上,这样的理论结果也可以与实验结果对应。对于 Al_3Ni 初生晶体而言,最终组织中平行于磁场方向的平面内的链条状组织并不是由晶体间的引力所致,而应该是磁场影响形核机制所致,最终出现实验结果中的"垂直于磁场方向有链条状组织生成"。因为倘若两个晶体间的引力产生的促使晶体旋转的引力矩可以与晶体自身的磁力矩数量级相当,并共同耦合作用于旋转晶体,晶体会最终发生位置上的平移,直至与另一静止晶体在磁荷间距为零时发生聚合,此时形成的聚合体的理想状态是两个晶体各自的两个磁荷连线在同一条直线上,并且平行于外加磁场方向。以此类推,我们会得出平行于磁场方向的平面区域内的所有初生晶体,最终会形成平行于磁场方向的链条状组织的结论。只有当引力矩可以明显地影响晶体的运动时,才可以最终发生平行于磁场方向的晶体聚合。

以铁磁性物质来说,由于其具有比较好的永磁性能,那么初生晶体在磁场中迅速完成取向之后仍然具有比较大的剩磁能,从而在平行于磁场方向的平面内,磁性晶体之间的磁性相互吸引力使晶体形成最终的定向聚合,从而形成平行于磁场方向的平面内的链条排列,这与 Mn-Bi 合金在强磁场下的排列行为相似。

对于 Mn-Bi 合金,由于其磁化率可以达到 10^3 数量级,远远大于 Al-Ni 合金中初生相的磁化率 $10^{-6} \sim 10^{-5}$ 数量级,则在晶体运动的过程中,促使晶体旋转的力矩中引力矩逐渐开始起主导作用。一方面,磁化率的增大使磁力矩增大,使旋转晶体取向到平衡位置的时间大大缩短,但是此时的晶体向平衡位置的取向呈现振荡衰减趋势。另一方面,磁化率的增大,使相互吸引的两个磁性晶体间的引力以磁化率增加的数量级的平方来增加,最终会使空间的晶体发生聚合。

因为当磁化率在 10^{-1} 数量级时,应该考虑引力引起的晶体的平移和旋转,以及由磁力矩引起的晶体自身的旋转的耦合。然而,磁性物体随着磁化率的增加,其在磁场中被磁化后可能还有一部分的剩磁能,或在磁体内部产生一个与外磁场的磁化强度方向相反的磁场,起到减退磁化的作用,而这样必然导致各方面的变化,其中的诸多影响还无从得知。所以,磁性晶体在磁场中的取向排列是一个相当复杂的过程[24]。

2.4.5 强磁场处理后晶体的结晶组织与织构变化

组织和织构是研究金属及合金的重要对象,不同的金属及合金,其组织和织构是不同的,同一金属或合金经过不同处理后的组织及织构也是不同的。织构是影响材料性能的重要因素之一。材料织构的形成受其成分、变形条件(变形程度、变形温度、变形速度、变形几何条件、样品尺寸和润滑条件等)、材料的某些性质(初始晶粒度、初始织构、冶金质量、第二相及弥散度、相变、晶体结构、微量元素及含量、层错能等)以及退火工艺的影响。近年来有关组织和织构的研究工作进展得很快,其中,在形变织构和再结晶织构方面的研究最为活跃。

在材料织构中,许多金属经过轧制变形后生成的织构叫轧制织构,而再结晶织构是指形变金属在再结晶过程中形成的择优取向。再结晶织构对材料的性能有着重要的意义。一般来说,再结晶会使材料织构发生较大变化,而且再结晶织构常常以某些特定的取向关系与形变织构联系起来。再结晶过程中金属组织的变化方向取决于系统能量降低的倾向性以及过程中某些内在不均匀性所产生的驱动力。这一过程符合系统自由能热力学原理,是通过一次再结晶形核的热激活以及靠消耗变形基体和其他晶核而长大来实现的,在形核的最初阶段发生位错滑移,后期则与位错攀移、大角晶界的迁移、原子的协同位移以及单个原子的扩散有关。

将强磁场应用于金属的热处理过程正在成为一个新的研究方向。该领域的研究工作不仅可为各向异性金属材料的制备寻求一种新的方法,而且为材料的织构设计和性能控制提供理论依据,同时还能揭示极端条件下材料制备和服役过程中产生的基本物理现象和规律,拓宽和加深人们对金属固态相变和再结晶过程中微观组织和织构的形成和演变规律的认识。

有研究者选择纯铜板作为实验材料,分别实施不同工艺条件的强磁场热处理,而后对处理后的样品分别进行 XRD(X 射线衍射)织构分析、EBSD(电子背散射衍射)分析以及显微硬度测试,通过与非磁场处理样品的微观组织、织构和硬度结果进行对比,研究了强磁场作用下再结晶过程中纯铜板的组织特征和织构演变规律,同时探讨当样品轧向及横向平行于磁场施加方向时,强磁场对再结晶晶体取向变化的作用效果,他们得出了以下结论。

首先,将纯铜板在 240℃条件下分别进行磁场和非磁场退火,磁场强度为 12 T,保温时间分别为 10 min、20 min、30 min、60 min 和 120 min。磁场退火时,磁场施加方向平行于样品轧向。XRD 分析结果表明,磁场退火样品的再结晶立方织构的强度明显高于非磁场退火处理后的强度值,说明与非磁场退火样品相比,强磁场退火促进了再结晶进程。EBSD 分析结果表明,当保温 10 min 时,强磁场处理条件下的样品中的小晶粒所占比例要高于相应的无磁场处理条件下小晶粒所占的比例,说明强磁场退火有利于再结晶的形核;强磁场处理条件下的样品再结晶区域所占份额要高于相应的无磁场处理条件下所占的份额;强磁场处理条件下样品的立方织构强度要高于相应的无磁场处理条件下其强度值。随着保温时间的增加,晶粒逐渐长大,强磁场处理条件下的样品中形成了更多的退火孪晶,导致其 $\Sigma3$ 晶界所占比例高于无磁场处理条件下 $\Sigma3$ 晶界所占比例。

其次,在上述条件下,磁场退火时,磁场施加方向平行于样品横向。XRD 分析结果表明,磁场退火样品的再结晶立方织构的强度明显高于非磁场退火处理后的强度值,说明与非磁场退火样品相比,强磁场退火促进了再结晶进程。EBSD 分析结果表明,当保温 10 min 时,强磁场处理条件下的样品中的小晶粒所占比例要高于相应的无磁场处理条件下小晶粒所占的比例,说明强磁场退火有利于再结晶的形核;强磁场处理条件下样品的再结晶区域所占份额要高于相应的无磁场处理条件下所占的份额。随着保温时间的增加,晶粒逐渐长大,强磁场处理条件下的样品中再结晶晶粒的重位点阵晶界出现频率的整体趋势要高于无磁场处理条件下的频率,且小角度晶界的比例减少,$\Sigma3$ 孪晶界逐渐增多并占主导地位,导致强磁场处理条件下的大晶粒及中等晶粒所占比例要低于相应的无磁场处理条件下的比例。

最后,当磁场施加方向与样品轧向平行时,其退火条件下的立方织构、再结晶区域所占份额及 $\Sigma3$ 孪晶界出现的频率均高于相应的磁场施加方向平行于样品横向时的结果,表明当磁场施加方向与样品轧向平行时,其对再结晶的促进效果要好于磁场施加方向平行于样品横向时[25]。

2.4.6　强磁场作用下定向凝固中的晶体取向研究

在定向凝固中,温度波动会使半导体生产中产生晶体溶质带,当温度波动被基本抑制时,半导体的溶质带消失。在磁场中普通凝固时,热扰动能对熔体中形核晶粒取向的影响同样是以温度波动为表现形式。克服热扰动的影响是实现熔体中晶体生长沿易轴取向的关键。在半导体生产中,磁场被用来克服温度波动以消除晶体的溶质带。

在普通凝固时,熔体内部的流动状况受凝固速度影响。当冷却速度不受控制时,激烈的凝固反应及重熔等因素,使熔体呈无序的湍流状态。此时需要强的磁场才能抑制熔体的湍流。当冷却速度降低时,凝固速度也随之降低,凝固反应接近准平衡凝固,相应所需抑制熔体热扰动的磁场强度也随之减弱,即较弱的磁场就足以抑制熔体的温度波动和晶外形核。这种情况为熔体中自由的具有单晶性质的形核晶粒的继续生长提供了良好条件。当晶粒的体积超过一临界尺寸时,晶粒残余的磁晶各向异性能将能完全克服无序热能的影响,在有效磁矩的驱动下,沿体系自由能最小的方向取向(也就是易轴取向)。

由于磁场在更大程度上抑制垂直于磁场方向的径向原子运动,所以磁场中晶体生长沿磁场方向呈柱晶形态。显然,当磁场方向平行于重力方向时,更有利于这种柱晶的生长。

此外,对磁性材料高温熔体在强磁场中凝固的研究表明,在远高于居里温度的熔点附近,晶体残余的磁晶各向异性可以被磁场诱导,从而形成平行于磁场方向沿易磁化轴取向的晶体结构。在 5 T 的磁场中,$YBa_2Cu_3O_7$ 在 1 050℃的液固相中缓慢冷却,可获得与磁场方向高度一致的沿易轴取向的块状晶体组织[26]。

2.5　晶体取向的研究工具

研究强磁场下的晶体取向时,扫描电子显微镜中的 EBSD 技术是研究者最常用的,也是最有力的工具。EBSD 分析技术的选区尺寸可以小到 0.5 μm,因此,特别适宜进行微区的晶体取向分析。EBSD 系统中自动花样分析技术的发展,加上显微镜电子束和样品台的自动控制使得试样表面的线或面扫描能够自动迅速地完成,由采集到的数据可绘制取向成像图、极图和反极图,还可计算取向(差)分布函数,这样在很短的时间内就能获得关于样品的大量晶体学信息。EBSD 技术的优点主要表现在以下几个方面:织构及取向差分析、相鉴定、应变测量、晶粒尺寸测量。

(1) 织构及取向差分析

材料表现出来的力学、磁学、电学的各向异性都与其微观组织的晶体择优取向相关。EBSD 技术不但能检测出各取向晶粒的比例,还可以测出取向在微观组织中的分布情况。这是不同于 X 射线中宏观结构分析的重要特点。EBSD 可应用于取向关系测量的范例有:确定第二相和基体间的取向关系、穿晶裂纹的结晶学分析、单晶体的完整性、微电子内连使用期间的可靠性、断口面的结晶学、高温超导体沿结晶方向的氧扩散、形变研究,以及薄膜材料晶粒生长方向测量。

(2) 相鉴定

相鉴定是指根据固体的晶体结构来对其进行物理上的分类。EBSD 技术,特别是与微区化学分析相结合的方式,已经成为鉴定材料微区相的有力工具之一。不同的晶体,都有其特定的结构,并且都会在扫描电镜上产生不同的电子背散射衍射花样,通过对不同的相晶体结构进行取向检测、分析,可以免去之前物相分析所运用的对鉴定区域进行化学成分的检测。如 M_7C_3 和 M_3C 相(M 大多是铬)已从二者共存的合金中被鉴别出来,因为它们分别属于六方晶系和四方晶系,这样它们的电子背散射衍射花样就完全不同。对于同素异构体,如铁的面心立方结构和体心立方结构,EBSD 技术可以将其直接区分出来。

(3) 应变测量

当材料表面有残存的应力时,部分晶面就会歪斜、扭曲,进而造成菊池线的衬度下降,亮带边部的角分辨率下降,甚至消失。因此,对衍射花样进行质量分析可以评估出晶粒的应变程度。

运用 EBSD 技术测量应变的例子有:陨石中的固溶诱导应变、超耐热合金和铝合金中的应变、测定锗离子束注入硅中产生的损伤。

(4) 晶粒尺寸测量

晶粒尺寸的传统测量方法是利用微观组织的图像,结合某些有特点的界面,如孪晶、小角度晶界等。而 EBSD 技术可以利用晶粒结晶位向的差别,从一个晶粒到另一个晶粒的过渡引起衍射花样的变化,进而分析出取向的变化,这样就可以精确得到完整的晶体取向图(COM)。EBSD 是用于晶粒尺寸测量的理想工具,最简单的方法是进行横穿试样的线扫描,同时观察花样的变化,通过对花样变化的分析得到晶粒尺寸[27]。

参考文献

［1］刘铁. 强磁场下合金凝固组织控制及梯度与取向材料制备的基础研究［D］. 沈阳：东北大学，2010：75.

［2］杨治刚. 强磁场下陶瓷材料织构形成机理研究［D］. 上海：上海大学，2017：22.

［3］秦昊. Cr_7C_3 在磁场作用下取向行为［D］. 沈阳：沈阳工业大学，2013：9-11.

［4］孟兰. 中碳合金钢高温相变的晶体学分析［D］. 昆明：昆明理工大学，2015：1-2.

［5］史旭晨. 强磁场下锌合金凝固组织的晶体学研究［D］. 沈阳：东北大学，2017：14.

［6］李磊. 磁场对铸态铝基二元合金晶体学和微观组织的影响［D］. 沈阳：东北大学，2011：17.

［7］李磊. 磁场对铸态铝基二元合金晶体学和微观组织的影响［D］. 沈阳：东北大学，2011：18-22.

［8］娄长胜，王强，王春江，等. 强磁场下熔体中晶粒旋转取向机制及其影响因素［J］. 兵工学报，2013，34(7)：858-859.

［9］李磊. 磁场对铸态铝基二元合金晶体学和微观组织的影响［D］. 沈阳：东北大学，2011：75-76.

［10］杨治刚. 强磁场下陶瓷材料织构形成机理研究［D］. 上海：上海大学，2017：22-25.

［11］孟兰. 中碳合金钢高温相变的晶体学分析［D］. 昆明：昆明理工大学，2015：7-8.

［12］李传军. 磁场下金属凝固过程形核与生长的差热分析研究［D］. 上海：上海大学，2011：4-9.

［13］秦昊. Cr_7C_3 在磁场作用下取向行为［D］. 沈阳：沈阳工业大学，2013：10.

［14］李贵茂. 磁场作用下 Cu-Ag 合金凝固组织与原位形变组织和性能的研究［D］. 沈阳：东北大学，2011：13-14.

［15］侯艳超. 磁场对铁析出过程中晶体结构及取向的影响［D］. 包头：内蒙古科技大学，2020：5-9.

［16］江兴. 稳恒强静磁场下 Al-Ni 二元合金晶体取向排列的数值研究［D］. 沈阳：东北大学，2010：21-22.

[17] 张永圣. 铁磁性金属 Fe、Co 薄膜磁各向异性及其温度影响的研究[D]. 北京:中国科学院大学(中国科学院物理研究所),2017:1.

[18] 秦昊. Cr_7C_3 在磁场作用下取向行为[D]. 沈阳:沈阳工业大学,2013:47-48.

[19] 江兴. 稳恒强静磁场下 Al-Ni 二元合金晶体取向排列的数值研究[D]. 沈阳:东北大学,2010:22-23.

[20] 杨治刚. 强磁场下陶瓷材料织构形成机理研究[D]. 上海:上海大学,2017:31-33.

[21] 杨治刚. 强磁场下陶瓷材料织构形成机理研究[D]. 上海:上海大学,2017:38-41.

[22] 娄长胜,王强,王春江,等. 强磁场下熔体中晶粒旋转取向机制及其影响因素[J]. 兵工学报,2013,34(7):861-864.

[23] 江兴. 稳恒强静磁场下 Al-Ni 二元合金晶体取向排列的数值研究[D]. 沈阳:东北大学,2010:43-50.

[24] 江兴. 稳恒强静磁场下 Al-Ni 二元合金晶体取向排列的数值研究[D]. 沈阳:东北大学,2010:51-52.

[25] 王艳. 强磁场下纯铜板的再结晶组织与织构的形成过程和演变机理[D]. 沈阳:东北大学,2013:8-55.

[26] 邓沛然,李建国. 磁场中 $TbFe_{1.9}$ 晶体生长的取向控制[J]. 稀有金属材料与工程,2006,35(8):1311-1314.

[27] 史旭晨. 强磁场下锌合金凝固组织的晶体学研究[D]. 沈阳:东北大学,2017:19-20.

第三章　强磁场影响凝固组织的动力学机制

3.1　磁场影响凝固组织概述

凝固是指物体从液态转变为固态的过程,在金属和合金的成型过程中都需要经过一次或者多次凝固。凝固组织细化是提高金属材料力学性能及使用性能的有效手段之一。大量研究表明:在金属凝固过程中施加电磁振荡能控制柱状晶,细化等轴晶,甚至形成近球状组织。但是,关于电磁振荡对金属凝固组织的影响机制,缺乏系统性、规律性的研究。此外,以往的研究多采用交变/脉冲磁场,仅限于应用电磁场的振荡效应。近年来,随着超导磁体的发展,强静磁场下的凝固受到人们重视,研究者发现强磁场对金属凝固有多重效应,在强磁场背景下复合电流对金属凝固无疑将产生除振荡外更多样的作用,利用这些作用将为细化各层次组织和改善材料性能拓展新的途径,但至今这方面的研究十分欠缺。考察不同物质的凝固过程,尤其是考察金属及合金材料的凝固行为尤为重要。金属凝固组织的控制是获得高性能优质铸件的关键,也是人们长期致力于研究的课题[1]。

凝固过程控制的基本目标包括两方面:一方面是宏观目标,即得到没有缩孔等宏观缺陷的产品;另一方面则是微观目标,即获得晶粒细小、组织致密的产品。第一方面的目标通常是通过控制铸件不同部位的冷却速度和合理的铸造工艺设计来实现的,而第二方面的目标则往往需要采取特殊的铸造方法和工艺来实现。从已有的研究成果来看,控制凝固过程的基本方法包括控制冷速、强化对流、孕育和变质处理三大类。其中,控制冷速是获得细晶组织最简单的方法,应用也最广。通过强化对流促进枝晶臂折断和重熔来达到细化晶粒目标的方法很多,如机械搅拌、电磁搅拌、各种振动等。孕育和变质是通过加入能够促进形核(孕育)和控制长大(变质)的添加剂来达到控制凝固组织的目的。

凝固组织形态的控制主要是相结构和晶粒形态的控制。相结构在很大程度上取决于合金的成分,而晶粒形态及其尺寸则是由凝固过程决定的改善铸坯的凝固组织,缩小柱状晶区、扩大等轴晶区及细化晶粒均可提高铸坯的凝固质量。目前,工业生产中处理凝固的方法主要有三大类:第一类是控制冷却速度,如快速冷却可达到更好的效果,甚至可以得到微晶或纳米晶,但对于大尺寸铸件,获得很大的冷却速度非常困难;第二类为化学法,如向金属中添加孕育或变质剂,孕育和变质是通过加入能够促进形核和控制长大的添加剂来达到控制凝固组织的目的;第三类是物理法,如机械搅拌、电磁搅拌、铸型振动等方法,促进枝晶折断、破碎,使晶粒数量增多,尺寸减小。尽管以上三种方法在一定程度上取得了细化晶粒的效果,但是这些方法都有各自的局限性[2]。

在合金凝固过程中施加交变电磁场,即电磁搅拌,可细化晶粒等,基于此原理开发的电磁搅拌技术在工业中已被广泛应用。但对于静磁场,通常仅认为由于金属熔体在运动时切割磁力线,感生出电流,该电流与磁场相互作用产生与流动相反的力,从而抑制流动,在合金凝固中将使得晶粒粗化。但仍有研究发现,静磁场不仅抑制流动,在一定条件下也可诱生新的流动。同时,当磁场强度足够大时,磁场将显现多种磁、电、力、热等效应,从而影响凝固过程。

强磁场对材料组织的影响机理基本上可以分为以下两大类:一是控制晶粒的长大过程,诱导晶粒的排列取向。二是有效抑制导电熔体中的自然对流,改变金属凝固过程中的传热、传质行为。这是本章节将要重点研究的内容。强磁场对金属凝固组织的影响很大程度上取决于电磁力对金属熔体的热对流运动的控制,因为熔体流动是影响整个合金体系传热、传质和晶体生长等方面的关键因素。利用强磁场控制液体的流动,有可能控制材料中的溶质分布、晶粒生长速度和晶粒尺寸等。

合金在强磁场作用下凝固,通常分为非定向凝固和定向凝固,在凝固过程中,金属晶体会受到磁化力的作用,从而引起如下变化:①晶体取向的改变;②界面稳定性与形态的转变;③梯度磁场下晶体的迁移。

3.2 凝固过程

凝固过程主要是晶体和晶粒的生长和长大,所以也称为结晶。从微观上来看,凝固是金属原子从无序状态到有序状态的转变,也就是液体中无规则的原子集团转变为按一定规则排列的固态结晶体的过程。从宏观上来看,它能把液体金属储藏的显热和结晶潜热传输到外界,使液体转变为有一定形状的固态。凝固需要达到以下要求:①正确的凝固结构;②合金元素分布均匀;③最大限度地去除气体和夹杂物;④钢锭内部和表面质量良好;⑤钢水收得率高。凝固是铸锭过程中非常重要的环节,凝固过程所发生的物理和化学变化将直接影响材料的质量和成本。

3.2.1 结晶的基本过程

简单地说,结晶就是晶体在液态中从无到有、由小变大的过程,一般由形核和长大两个过程交错重叠组合而成。对于单晶体来说,形核和长大阶段可以加以区分;但是对于大多数晶粒来说,二者是交织在一起的。

(1)晶核的形成

在过冷液体中形成固态晶核时,可能有两种形核方式:一种是均匀形核,又称均质形核或自发形核;另一种是非均匀形核,又称异质形核或非自发形核。若液相中各个区域出现新相晶核的概率是相同的,这种形核方式即为均匀形核;反之,新相优先出现在液相中的某些区域则为非均匀形核。显然,均匀形核是一种理想的形核方式,但在实际液态金属中,液相中总会或多或少含有杂质,所以实际金属的结晶主要按非均匀形核方式进行。

(2)金属的结晶形核要点

①液态金属的结晶必须在过冷的液体中进行,液态金属的过冷度必须大于临界过冷度,晶胚尺寸必须大于临界晶核半径 r。前者提供形核的驱动力,后者是形核的热力学条件要求。

②r 值大小与晶核表面能成正比,与过冷度成反比。过冷度越大,则 r 值越小,形核率越大,但是形核率有一极大值。若表面能越大,形核所需的过冷度也应越大。凡是能降低表面能的办法都能促进形核。

③形核既需要结构起伏,也需要能量起伏,二者皆是液体本身存在的自然现象。

④晶核的形成过程是原子的扩散迁移过程,因此结晶必须在一定温度下进行。

⑤在工业生产中,液体金属的凝固总是以非均匀形核方式进行。

3.2.2　晶核的长大

当液态金属中出现第一批略大于临界晶核半径的晶核后,液体的结晶过程就开始了。结晶过程的进行,固然依赖于新晶核的连续不断地产生,但更依赖于已有晶核的进一步长大。对单个晶体(晶粒)来说,稳定晶核出现之后,马上就进入了长大阶段。晶体的长大从宏观上来看,是晶体的界面向液相逐步推移的过程;从微观上看,则是原子逐个由液相中扩散到晶体表面,并按晶体点阵规律的要求,逐个占据适当的位置,从而与晶体稳定牢靠地结合起来的过程。由此可见,晶体长大的条件是:第一,要求液相不断地向晶体扩散供应原子,这就要求液相有足够高的温度,以便液态金属原子具有足够的扩散能力;第二,要求晶体表面能够不断而牢靠地接纳这些原子,但是晶体表面上任意的点接纳这些原子的难易程度并不相同,晶体表面接纳这些原子的位置多少与晶体的表面结构有关,并应符合结晶过程的热力学条件,这就意味着晶体长大时的体积自由能的降低应大于晶体表面能的增加,因此,晶体的长大必须在过冷的液体中进行,只不过它所需要的过冷度比形核时小得多。一般来说,液态金属原子的扩散迁移并不十分困难,因而,决定晶体长大方式和长大速度的主要因素是晶核的界面结构、界面附近的温度分布及潜热的释放和逸散条件。以上条件的结合,就决定了晶体长大后的形态。

晶体长大以后,有的形状是细长的,并且有导向性;有的是球状的,各向同性,结果产生柱状晶体和等轴晶体之别;有的生成胞状组织;有的则生成树枝状组织。

由于钢中溶质元素在液相和固相中溶解度不同,以及凝固过程中选分结晶现象的存在,在凝固结构中必然会出现溶质元素分布不均匀的现象,这被称为偏析。偏析一般分为显微偏析和宏观偏析。显微偏析发生在几个晶粒范围内或树枝晶空间内,其成分的差异只局限于几个微米的区域之间;宏观偏析发生在整个铸坯内,其成分的差异可表现在几厘米或几十厘米的距离上,因此也被称为低倍偏析。偏析是影响连铸坯质量的重要因素,尤其对于高碳和合金元素含量较高的钢种来说更是如此。偏析会使连铸坯局部的机械性能降低,特别是会引起韧性、塑性和抗腐蚀性能的下降。因此,减少偏析是连铸生产面临的重要任务。

3.2.3　凝固过程中影响晶粒细化的因素

(1)过冷度越大,越易于凝固和形核,使形核率提高,促进晶粒细化。

（2）冷却强度越大，引起的过冷度就越大，形核率就越高，钢的晶粒就越致密，晶粒就越细小。

（3）加入形核剂，起到减小形核开始之前的过冷度的作用，实质上是增加凝固体系的非均相形核，增加形核质点，促进形核率的提高，从而细化晶粒。

（4）外场的作用。施加外场（电场、磁场等）能够促进形核率的提高。外场特有的性质，改变了凝固过程中的物化反应以及凝固过程中的传热、传质现象，加强了熔体的能量起伏、结构起伏效应，降低了形核势垒，为晶粒细化提供了诸多便利条件。而且由于外场引起的各种效应，强化了凝固前沿的熔体活性，所以研究外场对凝固组织的影响必将为未来钢铁行业发展注入强劲动力[2]。

3.3　强磁场下金属凝固基本知识

3.3.1　磁场对金属凝固的作用

电磁场下的凝固技术是指在液态金属凝固过程中施加电磁场，达到控制材料的组织和性能的目的的方法。该方法在工业生产和科学研究中有其自身的特点，使其在冶金、铸造中得到广泛的应用。这种凝固技术基于熔融金属是良好导体，因此能用磁束和电流相互作用，在金属熔体内产生磁力，人们可以通过控制电磁力对熔融金属进行接触性搅拌、传输和形状控制，从而使钢中杂质的分布产生变化，同时晶粒的生长状况也得到改变。

在传热、传质、对流和热力学、动力学基础上建立的凝固模型可以对凝固组织与缺陷、晶粒状态做出预测。但是近年来的研究发现，液态金属的结构对凝固过程以及凝固组织有重要的影响，如合金液的过热处理、微合金化处理、孕育或变质处理等均可以改变液体的状态与结构，从而影响合金的凝固结构。所有这些都给出一个提示，即既可以通过控制凝固生长要素，也可以通过控制液态金属的结构来达到控制凝固过程与凝固组织的目的。因此，如果对液态合金进行某种全新的物理或化学方法预处理，就有可能得到质量及性能大为改善的凝固组织。这种通过控制液态金属结构改进凝固进程的方法从工艺操作上讲是比较简单的，可以进行大规模的生产，尤其适合钢铁工业中的连铸过程[3]。

向金属熔体施加电磁场是提高形核率的有效手段之一，电磁场作为细化金属凝固组织的一种新手段，有其特殊功效。根据磁场激发电流的不同，凝固过程中施加的磁场主要包括静磁场和时变磁场（包括交变磁场和脉冲磁场）。静磁场通常是利用抑制金属熔体流动的作用来影响金属凝固,其中对于稳恒磁场的研究最为广泛。时变磁场可以使金属熔体运动,从而影响金属的形核和长大过程。把时变磁场应用于凝固过程中,不仅能够细化合金凝固组织,而且可以防止铸件中产生缩孔缩松,增加铸件的密度,从而达到提高铸件性能的目的,这方面已有大量研究[4]。近年来,随着超导技术和超低温技术的进步,在较大空间内获得高强度的静磁场变成了现实。这不仅使传统的洛伦兹力的作用效果显著提高,也使对于非磁性物质来说一直被忽略的磁化力的利用成为可能。

(1)交变磁场对金属凝固的影响

交变磁场即旋转磁场,其对金属熔体内部热量传输的影响主要表现在以下三个方面:①磁场对熔体具有搅拌作用,这可以加快散热,提高熔体冷却速度;②搅拌作用会促进熔体内部的对流,对固液界面的传热过程产生直接的影响,对流的加剧使热量传输速度提高,因而能降低熔体内的温度梯度,提高凝固界面前沿的温度,使得熔体内部温度分布更加均匀;③外加旋转磁场会导致熔体内形成涡流,对熔体起到加热作用[5]。

(2)稳恒磁场对金属凝固的影响

目前,对于外加稳恒磁场对金属和合金凝固过程的影响机理,人们公认的主要包含两个方面:一是抑制熔体的对流,二是产生热电磁流体效应。抑制对流可以减小传热速度,降低冷却速度,使组织粗化,热电磁流体效应又可以驱动局部熔体对流,使枝晶增殖。两者相互制约[6]。

(3)脉冲磁场对金属凝固的影响

在金属凝固过程中施加脉冲磁场,一方面金属熔体固液两相平衡温度会在熔点附近波动,另一方面脉冲磁场使熔体内产生脉冲涡流。涡流和磁场相互作用即产生洛伦兹力和磁压,使金属产生强烈振动。

(4)复合场对金属凝固的影响

在金属凝固过程中分别施加电场和磁场已经取得了一定的效果,在此基础上,很多学者陆续展开了几种磁场和电场之间的复合施加研究,如直流磁场与直流电场的复合、直流磁场与交流电场的复合、稳恒磁场与交流磁场的复合、稳恒磁场和交流电场的复合等。

研究者为了研究电磁振动对合金凝固组织的影响机制,分别对电磁场作用下的过共晶和亚共晶 Al-Si 合金的凝固过程进行了研究。在他们的研究中,明确验证了气穴现象。当电磁振荡作用于包含悬浮硅颗粒的过共晶 Al-Si 合金时,在凝固之前施加电磁振荡会增加悬浮的硅颗粒的数量并减小它们的平均尺寸,当硅颗粒的晶粒尺寸减小到一定程度,继续施加电磁振荡不能改变其尺寸时,继续施加电磁振荡到液相线温度以下,硅颗粒开始发生聚集并被驱逐到试样边部,最终的组织是聚集在外表面的硅颗粒包围着几乎全部由共晶组织构成的基体。对该现象的解释为:当电磁振荡施加于包含悬浮硅颗粒的金属液时,产生了压力和张力交替变换的周期性的力,该力使液体做周期性运动,因为悬浮硅颗粒的电导率较低,所以不会受电磁场作用的直接影响,当它们受到因液体振荡而产生的正弦运动时,会产生一个抵抗这种运动的反作用力。连续的张力和压力作用于悬浮硅颗粒的表面,于是形成了气穴。这些气穴在受张力时,从金属液中吸入气体,在压力作用时,放出一部分气体,最后气泡破裂,在液体产生强烈的碰撞波动时,压挤悬浮硅颗粒,使之破碎并进一步细化。在低于液相线温度之后,领先相硅开始形核。悬浮硅颗粒也吸收溶解于金属中的硅而长大,这些颗粒的振荡使它们具有活化的表面,和它们周围的颗粒发生碰撞而聚集在一起。这些聚集物的电导率比金属低得多,不会受挤压或振荡的直接影响,移向试样周围的表面以反抗挤压力。在对亚共晶的研究中,进一步验证并说明了气穴现象是影响晶粒细化的主要因素[7]。

3.3.2　磁场作用于熔体的实验原理

（1）磁场作用下的磁各向异性

铁磁性或非铁磁性颗粒都具有内禀的磁各向异性,当它处于磁场中时,为了降低自由能,有沿磁场方向自发取向的趋势。材料在磁场中凝固时,具有磁各向异性的增强相或析出相(如颗粒或纤维),易于旋转取向、聚合,形成有序的组织结构,显著增强材料的磁性能、力学性能及其他物理性能。织构在基体上的形成,大致可分为形核长大(对析出型织构)、取向和聚合三个阶段,事实上这些过程不能截然分开,由于过冷度较大,晶粒的形核长大通常进行得很快,而取向和聚合则相对较慢。因此,明白其动力学行为,对制定合理的材料制备条件至关重要,这取决于凝固条件(温度、处理时间)、晶粒特性(形状、尺寸、磁性参数)等因素。

研究表明,取向时间与液相黏度成正比,与磁化率的差和磁场强度的平方成反比,且随晶粒长径比增大而迅速增加。铁磁性析出相的磁取向很短,提高磁场强度可以显著缩短晶粒的取向时间。

（2）磁场力的作用及其效应

从根本上来说,磁场和电场是两个相对独立却不可分割的外场,电能生磁,磁也能生电。根据法拉第电磁感应定律,当导体在磁场中做切割磁感线运动时,将产生感应电流,这一电流与磁场作用,产生一个与导体运动方向相反的力,即电磁力。把熔化的金属置于直流磁场中,当自然对流、凝固收缩等使熔化金属内部产生流动时,处于直流磁场中的流动金属也将产生感应电流。但是,无论是谁作用于谁,谁生成谁,它们的相互作用必将产生力,磁场对凝固体系的作用途径就是磁场力。在磁场力的作用下,有可能导致铁磁质颗粒的偏聚,也有可能导致液态金属自然对流的削弱。一般来说,强磁场作用下的熔体会产生以下效应:

①磁致收缩效应

其主要原因是磁场的加入降低了熔体的表观自由能,增加了表面黏度,表面张力增大,使熔体在凝固时产生收缩。这一点与脉冲电场作用于金属熔体产生的效应非常相似。如果脉冲电场能够细化晶粒是由收缩效应引起的,那从这个意义上来说,强磁场也一定能够细化晶粒[8]。

②热电磁对流效应

在直流磁场作用下的凝固过程还可以产生热电磁对流效应,它是外加直流磁场与热电流相互作用的结果。形成热电磁对流效应需要满足以下两个条件:凝固系统包含两种以上具有不同热电性的组元;在较高的温度梯度下发生凝固。这两个条件在金属凝固过程中的枝晶前沿非常容易得到满足。因为固液界面是非等温的,两相之间必然存在热电势差,即在凝固前沿的液固界面处存在着热电势的突变。通常在普通铸件凝固过程中形成的温度梯度较小,热电磁效应不明显,而在金属的定向凝固枝晶生长前沿,热电磁效应最为显著。如图 3.1 所示,定向凝固枝晶生长前沿是非等温界面,存在较大的温度梯度,因而液、固两相

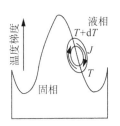

图 3.1　凝固界面上热电效应产生示意图

之间存在热电势差而产生热电流。当合金在定向凝固过程中界面为树枝晶生长时,固液界面处就会存在一个温差电流,使树枝晶尖端温度下降,枝晶根部温度上升。温差电流与外加的直流磁场的相互作用也产生一个电磁力,与洛伦兹力不同,该电磁力会促进熔体内部的对流运动。虽然这种对流运动仅仅局限于凝固前沿,但却能够在很大程度上影响固液界面处的传热、传质、动量传递和晶体的形核与长大过程,从而影响金属凝固组织的形貌和尺寸。

（3）强磁场对晶体均质形核影响的理论解析

由热力学理论可知,强磁场作用下固、液相单位摩尔的吉布斯自由能 G'_s、G'_l 的变化分别由下式表示:

$$dG'_s = -S_s dT + V_s dP - \mu_0 H_m dM_s \tag{3.1}$$

$$dG'_1 = -S_1 dT + V_1 dP - \mu_0 H_m dM_1 \tag{3.2}$$

式(3.1)与式(3.2)中,S、V、P、T 分别为体系的熵、摩尔体积、压力和热力学温度,$\mu_0 H_m dM$ 为磁化功;μ_0、H_m、$M = x H_m$ 分别为真空磁导率、磁场强度、单位体积磁矩,x 为单位体积磁化率;下标 s、l 分别表示固相和液相。假设 $dP = 0$,当固、液两相平衡($dG'_s = dG'_1$)时,可得:

$$\frac{dT}{dH_m} = \frac{\mu_0 H_m (V_s x_s - V_1 x_1)}{S_1 - S_s} \tag{3.3}$$

将式(3.3)积分后可得强磁场作用前后熔点的变化 Δt:

$$\Delta t = \frac{(V_s x_s - V_1 x_1)\mu_0 H_m^2}{2\Delta H_T} T_0 \tag{3.4}$$

式中,T_0 为强磁场作用前金属的平衡温度(熔点);ΔH_T 为熔变。因为 ΔH_T 为正值,对不同性质金属,当 $V_s x_s - V_1 x_1 > 0$ 时,$\Delta t > 0$,熔点升高,过冷度增大,此时将促进成核;当 $V_s x_s - V_1 x_1 < 0$ 时,$\Delta t < 0$,熔点降低,过冷度减小,此时将抑制形核。研究表明,除 Sb、Bi 等少量金属外,金属凝固时的体积缩小 $3\% \sim 5\%$。不同金属凝固前后磁化率发生变化,但无规律可循,需要具体问题具体分析。

另一方面,由热力学理论可知,强磁场作用下固、液相单位体积的熵差 $\Delta H'_T$ 将发生如下变化:

$$\Delta H'_T = \Delta H_T + \frac{1}{2}\mu_0 (x_1 - x_s) H_m^2 \tag{3.5}$$

另外,当物质处于均恒强磁场中时,将产生磁能 $1/2\mu_0 H_m^2$。则固、液相单位体积的吉布斯自由能差 $\Delta g'_V$ 可由下式表示:

$$\Delta g'_V = \frac{\Delta H_T \Delta T'}{T'_0} - \frac{1}{2}\mu_0 H_m^2 \tag{3.6}$$

式中,磁场作用后的过冷度 $\Delta T' = T + \Delta t$,ΔT 为没有磁场作用时的过冷度。在式(3.6)中,右边第一项表示强磁场作用下由金属的熔点改变造成的固、液相单位体积的吉布斯自由能变化,可以通过式(3.4)中熔点的变化定性分析其对成核的影响;第二项表示由磁能引起的吉布斯自由能变化。当金属中出现球形晶核时,由于磁能的影响,系统在强磁场作用下临界晶核的吉布斯自由能的绝对值将变大。因此,将物质置于磁场中产生的磁能将促进形核。此外,由于强磁场产生的阻碍熔体流动的电磁力作用,溶液的表观黏度增大,使得扩散激活能的绝对值也增大,所以从这个意义上讲,形核速度在强磁场作用下也将变大。但是值得注意的是,在考虑强磁场对纯金属形核的影响时,还必须考虑强磁场对对流影响而引发的相关效应[9]。

3.3.3　凝固过程中的热电磁力

电与磁两者有很大的关系。合金作为两种及以上元素合成的金属,在凝固过程中会出现许多热电现象。所谓热电现象,就是在金属导线组成的回路中,存在温差或通以电流时,会产生热能与电能相互转换的现象。该原理多见于工业应用上测量温度的热电偶以及发电片。此外,金属合金的热电性是一个组织与结构敏感的物理量。它对合金成分和组织变化的反应比电阻还明显,因此,有学者通过测量合金的热电势来研究合金的成分及组织的变化规律。常见的热电现象有三种:①塞贝克效应,在一个由两种不同的纯金属组成的回路中,当两个接触点处于不同的温度 $(T_1 > T_2)$ 时,回路中将出现电流,称为热电流,产生这种电流的电动势称为热电势;②珀耳帖效应,法国科学家珀耳帖发现电流通过两种金属 A、B 的接点时,除了因电流流经电路而产生的焦耳热外,还会在接点处额外产生吸热或放热效应;③汤姆逊效应,爱尔兰物理学家汤姆逊发现,当电流通过一个有温差的金属导体时,在整个导体上除产生焦耳热外,还会产生放热或吸热现象。

在静磁场作用下的合金凝固领域中,如果一种材料是液态,而另一种材料是固态,那么,可以将某一特征区域内的这种组合视为两种不同的金属组成的环路。此时,若在两种金属的接点处出现温差,那么热电势必然会在凝固过程中得以体现,在塞贝克效应的作用下会产生热电流。这种电流与外界静磁场在固液界面处相互作用产生一种热电磁力,从而驱动熔体的流动,这种流动又被称为热电磁流。然而,在合金凝固过程中并没有额外的电流通入,仅通过塞贝克效应所产生的非常弱小的热电流无法体现出珀耳帖热和汤姆逊热。所以,磁场下合金凝固过程的研究仅以塞贝克效应为背景,考察的尺度也仅是位于枝晶尖端处的固液界面范围内。

磁场下合金凝固过程中,由热电磁力引起的热电磁流在改善合金微观组织的过程中扮演着重要的角色。任忠鸣等人首次提出了合金凝固过程中热电磁流的概念,并且利用多种合金系统地讨论了不同磁场下定向凝固过程中热电磁流对晶体生长及形貌的影响。在热电流与外加磁场耦合的作用下,合金熔体会发生流动,该种流动被称为热电磁对流。稳恒磁场在凝固过程中可以诱发新的流动,该流动由固液界面附近的热电流与磁场相互作用产生的洛伦兹力驱动,即热电磁对流,而该洛伦兹力也被称为热电磁力。

另外,他们还计算了磁感应强度大小与流动速度大小之间的关系,以及固相枝晶尺度与磁感应强度之间的关系,结果发现,只有当磁感应强度达到某一中间值时,熔体流动的速度才会达到最大。同时,随着固相尺度的降低,熔体的最大流动速度也降低,并且满足最大流动速度的磁感应强度随之增加。

为了能够直观地观察到磁场下合金在定向凝固过程中的热电磁对流,目前有两种方法:一个是同步辐射观察法;另一个是气凝胶坩埚原位观察法[10]。

3.4　强磁场对金属凝固的影响

3.4.1　强磁场对熔体流动的作用

凝固过程中熔体的流动按其产生的原因,可分为自然对流和强制对流。自然对流是由熔体发生局部物理性质改变而引起的自发对流,强制对流是依靠外力形成的。磁场对金属熔体流动的影响主要表现在通过磁场控制熔体的流动(加强或抑制),进而达到控制传质和传热的目的,以获得理想的凝固组织。施加磁场可以影响熔体的流动状态,控制材料的凝固组织,改善凝固过程的溶质分布。

凝固过程中的对流会对溶质分配系数、温度分布等物质和热量的传输过程有明显影响,进而影响到成品的成分偏析和组织结构。宏观尺度上的自然对流,是由熔体的温度差引起的,起因于温度不同导致熔体不同部位的密度产生差异,在重力场中密度较小的熔体将上浮;或者由于熔体在凝固过程中成分不均匀引起的浮力,当浮力大于熔体的黏滞阻力时就会产生对流。此外,在凝固过程中的液固共存阶段,枝晶之间的熔体也发生流动,一般称之为微观尺度上的对流。枝晶间熔体流动的驱动力来自凝固时的收缩、枝晶间熔体的成分改变导致的密度发生变化以及固相冷却时的收缩等。常规重力场下熔体对流常常造成铸件及晶体缺陷,包括成分不均匀性及结构不完整性,如偏析、位错、空洞、杂晶、条带等。

在凝固过程中,磁场通过控制熔体的流动来控制其流场和温度场,促进溶质和温度的均匀化,进而控制偏析的形成。另外,熔体流动一方面消除了过热,增加了过冷度,有利于形核;另一方面打碎枝晶,增加了形核核心,这样晶核数量的增加就必然会引起晶粒的细化和枝晶间距的减小,能够得到理想的凝固组织。

对于静磁场,通常仅认为由于金属熔体在运动时切割磁力线,感生出电流,该电流与磁场相互作用产生与流动相反的力,从而抑制流动,在合金凝固中将使得晶粒粗化。但仍有研究发现,静磁场不仅抑制流动,一定条件下也可诱生新的流动。同时当磁场强度足够时,磁场将显现多种磁、电、力、热等效应,从而影响凝固过程[11]。

（1）强磁场对熔体流动的抑制作用

对流是金属凝固过程中普遍存在的现象,液相中的温度（浓度）梯度、表面张力和电磁力等都可以引起金属熔体的对流。对流在凝固过程中有着极为重要的作用,它直接影响凝固过程中的传热并提高溶质原子的传输能力,促进第二相的分离和晶粒的生长。当金属在强磁场中凝固时,运动着的金属熔体内部产生感应电流,该电流与磁场相互作用,产生与熔体运动方向相反的洛伦兹力。一般情况下,洛伦兹力能够抑制熔体的宏观对流,消除金属熔体流动的热不稳定性,使晶粒生长均匀。当施加轴向磁场时,熔体的运动速度与磁场强度的平方成反比,在磁场强度足够高时,甚至能得到单向流动的金属熔体[12]。

在金属熔体中通常存在温度梯度和浓度梯度,因此不同区域的熔体密度大小存在着差异,在重力场的作用下金属熔体内部就会产生自然对流运动。在施加稳恒强磁场的条件下,当金属熔体以不平行于强磁场 B_y 的 V_x 方向流动时,在熔体中会产生诱导电流 J_z,它与强磁场相互作用就产生了洛伦兹力 F_x,计算公式如下：

$$F_x = J_z \times B_y = (\sigma V_x \times B_y) \times B_y \tag{3.7}$$

式中, σ 为金属熔体的电导率; V_x 为金属熔体的流速; B_y 为磁感应强度。

熔体由于受到洛伦兹力 F_x 的作用,使向着 V_x 方向运动的金属流动受到抑制,如图 3.2 所示。即强磁场可以抑制 B_y 方向以外所有方向的流动,并且由于洛伦兹力 F_x 与磁场强度 B_y 的平方成正比,强磁场会产生很大的洛伦兹力 F_x,因此具有强烈的抑制熔体流动的能力。一般地,金属的晶体生长过程是一个不断传热、传质的过程,而熔体中的自然对流对热量、动量和质量传输过程无疑具有很大的影响,因而强磁场通过对熔体自然对流的作用极大地影响了晶体生长过程,改变了晶体尺寸和形貌。此外,直流强磁场的强度和方向也会对晶体生长过程中的热量、动量和质量传输过程以及晶体尺寸和形态等有很大影响。12 T 超导强磁场对导电熔体中流动的抑制作用非常强,有可能消除凝固过程中对流对凝固前沿液固界面处溶质分离的干扰,从而获得成分均匀的凝固组织[13]。

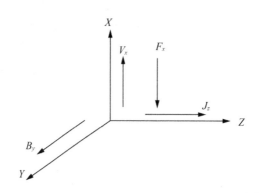

图 3.2   磁场、流速、洛伦兹力及电流之间的关系[13]

（2）强磁场抑制流动对传热及溶质分布的影响

利用稳恒强磁场控制金属熔体中的自然对流,可以控制金属凝固体系的传热速度和方向,作用的效果与磁场施加的方法、方向和强度等有着很大的关系。研究者对磁场作用下立方体容器内导电性熔体的自然对流和传热进行了数值模拟和实验研究。在一个立方体容器中装入 Ga 液,一侧壁面均匀加热,而相对的壁面则均匀冷却,分别在 x、y、z 三个方向上施加稳恒磁场,如图 3.3 所示。计算结果表明在 z、x 方向加磁场的洛伦兹力远大于 y 方向,实验结果显示在 x、z 方向上传热速度大约是 y 方向上的 10 倍[14]。

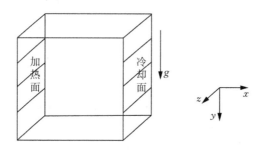

图 3.3   磁场中导电熔体对流传热示意图[14]

研究发现,当磁加速度近似与重力方向相同时,空气自然对流的流速大大提高,壁面对流换热系数明显增大,换热作用增强;反之,当磁加速度近似与重力方向相反时,空气自然对流的流速明显降低,壁面对流换热系数减小,换热减弱。同时,稳恒磁场可以提高试验钢种的传导传热能力,施加的磁通密度越高,试验钢种的传导传热能力就越强;稳恒磁场可以使试样表面和心部的冷却速度差异减小,从而提高试验钢种的冷却曲线的均匀性。随着磁场强度的增大,熔体中的径向温度梯度减小,这是由于磁场可以部分抑制熔体中的浮力驱动对流效应,使得随着磁感应强度的增大熔体中温度梯度减小,有利于氧化物晶体的生长。此外,不同的磁性液体在合适的磁场条件下换热系数比不加磁场时有很大提高,而且虽然磁场的施加方式对换热系数有影响,但均可使自然对流换热系数提高。

1966 年,研究者首次利用磁场抑制了熔体中的热对流,消除了半导体单晶中的溶质带。此后,在多个半导体熔体拉单晶过程中施加 0.1～0.5 T 磁场,显著消除了由熔体的热对流和温度波动引起的生长条纹、溶质带等宏观偏析现象。后来有研究者将普通磁场增强,在强磁场下的研究也得出了众多结论。如:研究认为随着外加磁场强度的增加,比重偏析情况会得到改善;由于 Cu 元素和 Mg元素的物性不同导致其在基体中受到的洛伦兹力不同,在均恒磁场作用下,铝合金中 Cu 元素和 Mg 元素在 α-Al 基体晶粒内和晶界上的分布变化规律相反;在强磁场下, Al-18％Si 加热至全熔态冷却下来的凝固组织中初晶硅的形态发生了明显的改变,由板片状转变为块状,初晶硅显著细化,同时由于诱导产生的洛伦兹力对对流的抑制作用阻碍了初晶硅的自由移动,因此强磁场可以使 Al-Si过共晶合金凝固过程中析出的初晶硅在垂直于磁场方向的横截面上分布均匀化。均恒强磁场的施加会引起洛伦兹力的产生,进而抑制宏观对流,具有均匀化熔体中的溶质分布的效果。

从利用磁场产生的洛伦兹力抑制熔体中的宏观对流实验结果可以看出,合金的体系不同,施加磁场方式不同,强磁场抑制对流作用对溶质分布的影响不尽相同。强磁场抑制对流对溶质分布的影响规律较复杂,有待进一步深入研究以有效利用强磁场的控制熔体中宏观对流的作用[15]。

可以利用强磁场抑制对流来测量扩散系数。液态金属和半导体材料中的扩散对于材料和冶金领域来说是一个非常重要的物理现象。因为从应用的角度来说,它几乎主导了凝固过程中所涉及的大部分现象,如偏析、枝晶臂间距和枝晶尖端半径等;而从基础研究的角度来说,液体中的扩散同温度有着直接的联系,对扩散进行定量分析可以揭示液态金属中关于原子结构的许多重要信息。因此,对液态金属中溶质元素的扩散系数进行测量引起了研究者的高度关注。然而,因为液态金属中溶质的扩散系数通常仅在 $10^{-9}\,\mathrm{m}^2/\mathrm{s}$ 数量级,造成了测量结果对流动所引起的溶质交换极其敏感。而重力和高温环境下的液态金属中不可避免地会存在多种类型的流动,这就使测量结果产生了非常大的误差。为此,研究者们将均恒强磁场引入测量过程,借助洛伦兹力对对流的抑制效果来获得一个纯扩散的测量环境。

研究证实强磁场对原子迁移的影响很小,这样强磁场的施加不会对液态金属中的扩散本身产生明显的影响,为利用洛伦兹力对对流的制动作用来获得纯扩散环境提供了理论保证。有研究者采用毛细管法在强磁场条件下对系统的扩散系数进行了测量,将测量结果同微重力条件下获得的数据进行了对比,发现大于 3 T 的垂直磁场就可以完全消除对流所引起的扩散对测量结果的影响。还有研究者采用剪切室法在强磁场条件下对系统的扩散系数进行了测量,同微重力条件下获得的数据进行比较的结果同样证明了该方法的准确性。随后,其他研究者对以上方法进行了数值模拟,并对被测体系的几何形状、磁场的布置方向、扩散持续的时间以及温度不均匀程度对测量精度的影响进行了系统分析[16]。

(3) 强磁场对熔体流动的促进作用

除了抑制对流外,强磁场还能促进金属熔体的对流。当在凝固过程中的施加旋转磁场时会产生一个与磁场旋转方向相同的电磁力的分量,这个电磁力分量驱动熔体随着电磁场流动,从而加速熔体的对流。因此旋转磁场能够改变凝固过程中的传热和传质,进而改变金属的微观组织。张伟强在其专著《金属电磁凝固原理与技术》一书中从数值模拟和实验分析的角度计算和讨论了旋转磁场对铝合金凝固后的宏观组织、枝晶组织和共晶组织的影响,发现旋转磁场促进熔体流动能提高形核率,使晶粒细化和晶粒尺寸均匀化,同时还使温度场及液相的成分均匀化,从而使二次枝晶的数量减少,枝晶臂间距增大。此外,旋转磁场还能提高溶质原子的传输能力,增加其有效扩散距离,使共晶组织粗化,引起片层共晶向棒状共晶的转化。关于旋转磁场的影响机理,目前并没有统一的结论。但是,在研究旋转磁场影响凝固的过程中经常可以观察到晶粒细化、柱状晶向等轴晶转化等现象[17]。

此外,施加直流强磁场也会对凝固过程中的对流产生促进作用。在直流磁场作用下的金属凝固过程中会产生微观尺度上的热电磁对流效应,这是外加直流磁场与金属中的温差电流相互作用的结果。

铁磁性流体的磁化率与温度之间存在一定的函数关系,当流体中存在温度梯度时外加稳恒磁场就会在铁磁性流体中间引起磁对流现象,促进熔体的对流运动。此外,顺磁性流体的磁化率也与温度相关,因此梯度磁场也能抑制或促进顺磁性流体的对流运动。

当晶体在稳恒磁场中凝固时,熔融金属不仅会受到因电磁感应使熔体与直流磁场相互作用产生的宏观上的抑制熔体流动的电磁力,即洛伦兹力的作用,而且还会受到因热电流与直流磁场相互作用产生的在微观上促进对流的电磁力,即热电磁力的作用。在实际情况中,这两种力的共同作用影响着金属的凝固组织[18]。

（4）强磁场对熔体凝固过冷度的影响

熔体过冷是指纯金属或合金液相温度低于体系熔点或液相线温度而没有转变为固体的现象,在实验上表现为测温热电偶示数与上述两种温度的差值。使用差热分析等热分析方法也可指示出熔体的过冷。熔体过冷的程度是液固相变的驱动力,对晶体生长过程有重要的影响。研究发现,在液固相变过程中施加强静磁场可改变熔体的过冷度。从热力学角度来说,固相和液相的磁化率存在差异,磁场将对液固相变时的焓变产生影响,而物质在磁场中本身也具有磁能,这些变化将导致凝固过程中吉布斯自由能的改变,从而影响纯金属或合金在凝固时的过冷度。但金属固液相变前后的磁化率改变缺乏一定的规律,形核生长的动力学问题更加复杂,磁场对熔体中流动及扩散也有影响,熔体过冷度与磁场的关系并不是简单的顺磁性物质在磁场下过冷度增加、抗磁性物质在磁场下过冷度减小。总之,需要在获得基本磁性质数据(如磁化率)的前提下,综合分析金属在磁场下凝固时的过冷问题[19]。

在先前,人们已经发现磁场改变了 Hg 的冷却曲线。后来研究者在研究强磁场对过冷度的影响时发现,在 Bi-Mn 合金凝固时,施加磁场可提高凝固温度,凝固温度的增幅与磁场强度呈线性关系,进而从热力学上进行了分析,建立了磁场下凝固点温度变化的基本关系式。使用差热分析装置系统研究了顺磁性纯Al 及其合金、抗磁性纯 Bi 在磁场下的过冷行为,发现纯 Al 和 Al-Cu 合金熔体的过冷度随磁场强度提高而增大,在 10 T 磁场中的过冷度可达 20℃以上,而纯 Bi 的过冷行为则相反。从热力学角度来说,非铁磁性材料在 10 T 磁场中的磁化导致的吉布斯自由能变化很小,几乎可忽略。因此,从磁场影响形核过程的角度对此现象进行了探讨,实验发现磁场增大了表面张力,因而增大了形核激活能,导致形核过冷度增大。

利用磁场抑制形核的作用,开展磁场下高温合金单晶生长的研究。结果表明,在单晶高温合金定向凝固过程中,施加强磁场可以抑制杂晶的形成倾向。在一定拉速下,施加强磁场(≥8 T)后,高温合金初始区域一侧和变截面处的杂晶消失。通过相关实验发现,强磁场增加了固液界面前沿的温度梯度,增大了高温合金熔体的临界形核过冷度,这些是抑制杂晶形成的主要原因。该方法为单晶叶片中杂晶缺陷的控制提供了一种新的方法。

（5）强磁场对熔体流动作用研究发展

早在 1953 年就有研究者指出,当磁场强度足够大时可能会消除凝固结晶时对流而引起的界面处溶质分离的现象。强磁场可以抑制热对流从而消除掺杂半导体生长过程中产生的溶质带。在横向磁场下单晶生长的实验中发现,磁场可以增加凝固过程中熔体的黏度,这样不仅利于消除热对流,降低热量损失,还提高了固液界面垂直温度,避免成分过冷,利于多组元体系的凝固。随着电磁制动技术的不断发展,国内外研究者开始关注磁场抑制凝固过程中流动对溶质微观分布的影响。研究指出,磁场可以抑制熔体中的自然对流,但抑制的程度取决于磁场强度、体系的形状和尺寸等,并且完全抑制对流是非常困难的。此外,还有一些研究者指出,微弱的对流在磁场中产生的洛伦兹力较小,磁场对熔体流动的抑制作用非常有限,应采用低对流模型对磁场中熔体的流动情况进行描述。随后对磁场下掺杂 Te 的半导体 InSb 的凝固过程进行研究发现,磁场使半导体中掺杂 Te 的轴向浓度分布变得更加均匀,采用低对流模型分析 Te 的有效分配系数小于 0.95,这表示在该实验条件下不能获得成分完全均匀的半导体晶体。然而,有研究者发现轴向 Bi 的宏观偏析随磁场强度的增大而增大。可见,磁场抑制熔体对流对溶质分布的影响规律是十分复杂的,如何有效利用磁场抑制对流来制备性能优异的材料就需要进行大量的研究[20]。

此外,有研究者研究了稳恒磁场对 Al-Cu 合金非平衡凝固组织的影响,发现合金的凝固组织由等轴晶转变为柱状晶,他们认为是磁场能抑制金属熔体的对流,减少枝晶臂熔化,降低已形成的晶核重新溶于金属熔体的概率,故而抑制了等轴晶的生成,促使合金组织转变为柱状晶。赵九洲等研究了恒定磁场对 Al-Pb 合金快速定向凝固组织的影响,认为磁场能显著减弱熔体对流,提高凝固界面前沿液-液相变过程的空间均匀性,减缓液滴的碰撞凝并速度,使凝固试样中弥散相的尺寸减小,有助于获得弥散型偏晶合金凝固组织[21]。

3.4.2　磁场对宏观组织的影响

磁场对凝固宏观组织的影响主要表现在细化晶粒和促进柱状晶向等轴晶转变(CET)。

磁场驱动的三维流动能够提高固液界面前沿的热量和溶质传输速度,提高过冷度,导致临界晶胚的吉布斯自由能和原子的扩散激活能的降低,提高了形核率。另一方面,在旋转磁场的作用下,由于输入了能量,原子团簇从液相跃迁到固相的势垒减小,形核概率增加,这些都能细化晶粒,使合金组织得到改善。研究表明,同时施加静磁场和交流电场产生的电磁振动能够显著地细化晶粒。交流电场下的电磁力的搅拌作用能够产生强烈的对流,再加上适当的振荡频率,使得晶粒尺寸大大减小[22]。

在合金定向凝固时施加强静磁场可促进发生柱状晶向等轴晶转变(CET)。柱状枝晶在生长过程中断裂的枝晶臂可以充当晶核。研究者在微重力条件下进行了 Al-7％Si 合金的定向凝固实验,发现流体流动对 CET 有重要影响。流动可促使枝晶臂碎片转移到柱状枝晶阵列前沿,在过冷熔体中继续发展为等轴晶,阻碍柱状枝晶阵列的生长。经过前面的讨论可知,磁场可改变凝固过程中熔体内的流动,从而对 CET 产生影响。研究发现,在 Sn-Pb 合金激冷法定向凝固过程中施加 0.2 T 静磁场可得到全为等轴晶的凝固组织。为阐明磁场影响机制,有研究者深入研究发现,在 Al-4.5％Cu、Pb-80％Sn、DZ417G 镍基高温合金、Al-15％Cu 以及 Al-40％Cu 合金定向凝固过程中施加轴向静磁场,均观察到初生相发生了 CET,且发生 CET 所需的磁感应强度与拉速呈反比例关系。而研究横向磁场对添加 Sr 元素的 Al-7％Si 合金定向凝固组织的影响,同样观察到了 CET。进而通过同步辐射技术原位观察了定向凝固过程中等轴晶粒的形成和迁移行为,给出了磁场下固相中存在热电磁力破断枝晶臂成为晶核的直接证据,实验发现热电磁力驱动了枝晶碎片的运动。该结果对于理解枝晶中应力造成其断裂、形成晶核这一长期困扰研究者的难题具有重要意义。根据以上结果,可在定向凝固过程中利用静磁场对柱状枝晶和等轴枝晶形貌加以调控,开辟了凝固晶粒生长控制的新途径[23]。

3.4.3 磁场对微观组织的影响

磁场对微观组织的影响主要表现在引起枝晶间距和晶体组织形态的变化。磁场能通过抑制粗大树枝晶的形成和破碎凝固过程中已形成的树枝晶晶粒,使凝固组织呈非树枝晶组织,呈近等轴晶颗粒,且分布均匀,因而枝晶间距也会明显减小。

大量研究表明,旋转磁场能够显著地影响合金的微观组织形态,能够改变亚、过共晶合金初生相的生长方式和促进团状组织的生成。对于 Pb-Sn 亚共晶,由于旋转磁场驱动的强制对流使温度场和浓度场分布均匀,晶粒在各个方向均匀长大,没有择优取向,因而初生相由粗大枝晶向细小的球状或椭球状颗粒转变。在整个样品中得到了粗化的二元共晶层片组织,局部出现了不规则共晶组织。二元共晶形貌经历了由规则层片组织到粗化层片组织再到不规则共晶组织的转变,这是由于熔体内部对流加速了溶质扩散,溶质有效传输距离增加,从而使共晶相间距增大。而局部更为强烈的熔体对流大范围地改变了生长前沿浓度场,破坏了二元共晶生长的协同性,因而出现了不规则共晶组织。

同时施加静磁场和电场能够促进凝固组织由枝晶到球状晶的转变,但是同时施加静磁场和直流电场比同时施加静磁场和交流电场的效果要好。总体上说,磁场能够破碎粗大的树枝晶,细化晶粒,扩大等轴晶区,减小枝晶间距。但是对于不同类型的磁场、不同的合金种类,产生的效果也不尽相同,规律也不全一致。合适的磁场参数才是凝固组织细化和均匀化的关键因素。

3.4.4 磁场下凝固组织的固溶度研究

合金的固溶度与其力学性能密切相关,一般说来,固溶体的硬度、屈服强度和抗拉强度总是比组成它的纯金属的平均值高,随着溶质原子浓度的增加,即合金元素固溶度的增加,硬度和强度也随之提高。在塑性、韧性方面,如延伸率、断面收缩率和冲击功等,固溶体要比组成它的纯金属的平均值略低,但比一般化合物要高得多。因此综合起来看,各种金属材料总是以固溶体为其基体相。

(1)影响固溶度的主要因素

固溶体可分为置换固溶体、间隙固溶体和缺位固溶体。金属元素彼此之间一般都能形成置换固溶体,但固溶度的大小往往相差悬殊,其大小受许多因素的影响。

①原子尺寸因素

组元间的原子尺寸相对大小 $\Delta R(\Delta R = | R_{溶剂} - R_{溶质} | / R_{溶剂})$ 对固溶体的固溶度起着重要作用。组元之间的原子半径越相近,ΔR 越小,则固溶体的固溶度越大;而 ΔR 越大,晶格畸变越严重,晶格便越不稳定。有利于大量固溶的原子尺寸条件是 ΔR 不超过 $14\% \sim 15\%$。在铁基固溶体中,当铁与其他溶质原子的原子半径相对差别 ΔR 小于 8% 且两者的结构相同时,才有可能形成无限固溶体;在铜基固溶体中,ΔR 小于 $10\% \sim 11\%$ 时,可能形成无限固溶体。

②化学亲和力因素

如果溶质原子与溶剂原子的化学亲和力很大,即两者之间的电负性相差很大时,则它们往往形成比较稳定的金属间化合物,即使形成固溶体,其固溶度往往也比较小。

③原子价因素

在研究属于 IB 族的贵金属为基的合金(银基、金基的合金)时,发现在尺寸因素比较有利的情况下,溶质的原子价越高,其溶解度越低。溶解度的大小与电子浓度有关,电子浓度 $C_{电子}$ 计算公式如下:

$$C_{电子} = [V(100 - x) + vx]/100 \tag{3.8}$$

式中,x 为溶质的摩尔分数;V、v 分别为溶剂及溶质的原子价。固溶体的电子浓度有一极限值,超过此极限值,固溶体就不稳定,而要形成另外的新相。

④晶体结构因素

溶剂与溶质的晶体结构类型是否相同,是它们能否形成无限固溶体的关键。只有当晶体结构类型相同时,溶质原子才有可能连续不断地置换溶剂晶格中的原子,一直到溶剂原子完全被溶质原子置换为止。如果组元的晶格类型不同,则组元间的固溶度只能是有限的。

（2）磁场对固溶度的影响

由上述影响固溶度的因素可以看出,合金的组成原子是一个极其重要的对象,磁场主要就是对原子层面发生作用的,因此,磁场对固溶度的影响必定是存在且重大的。

研究表明,磁场处理可以增加合金的固溶度,通过增加固溶度,金属化合物组织尽可能彻底转变为固溶体组织,充分发挥合金元素的有益作用,进而提高合金的力学性能。合金经过磁场处理,对溶质和杂质原子实现强制固溶,减少晶界低熔点共晶,避免粗大化合物在晶界析出,这对提高合金的强度和塑性,将会大有益处[24]。

3.5　脉冲磁场对凝固的影响

在本章前面部分内容已经简要地介绍了稳恒磁场、交变磁场、脉冲磁场以及复合磁场对凝固的影响。同时,也讨论了一系列磁场对凝固的影响,知道静磁场对凝固过程的影响很大,如静磁场对熔体流动的抑制和促进作用、静磁场下的热电磁对流、静磁场下的定向凝固研究以及静磁场下的取向研究等。对于电磁场,主要是交变磁场和脉冲磁场,在凝固过程中施加交变磁场会产生电磁搅拌作用,第四章将对此进行详细的阐述,故接下来,本节仅讨论脉冲磁场对金属凝固的影响。

3.5.1　脉冲磁场在金属凝固过程中的研究概况

脉冲电磁场为凝固过程中获得细小晶粒提供了一种新的思路和方法,该技术可以克服机械、超声波以及传统电磁搅拌的缺点并在熔体大范围内获得均匀细化的凝固组织。国内学者进行了大量相关研究,正逐步走向工业应用。广义上将非时谐电磁场形式称为脉冲电磁场,它具有在短时间内有突发性和断续性的特点,几种理想的脉冲电磁场波形有方波、矩形波、三角波、尖顶脉冲波和锯齿波等。按照磁场的结构形式可分为旋转脉冲磁场、行波脉冲磁场、螺线管脉冲磁场等。

传统旋转或行波磁场在控制凝固过程中,熔体旋转速度过大容易导致凝固发生负偏析的问题。有研究者基于强化轴向二次环流效果,提出脉冲旋转磁场。研究结果表明:与连续旋转磁场相比,交替变向的脉冲旋转磁场能够有效消除凝固过程中的宏观偏析现象。为了改进行波磁场在控制凝固中存在偏析的现象,有学者提出调制行波磁场,使其电磁力方向发生周期性改变,研究结果表明,调制行波磁场也能够有效消除金属凝固过程中的宏观偏析现象。脉冲旋转磁场和调制行波磁场控制凝固过程,都是利用交替变化的电磁力引起熔体速度的振荡变化,强化熔体温度、溶质的均匀分布,改变凝固前沿枝晶生长条件,从而有效消除宏观偏析现象。

螺线管脉冲磁场则种类繁多,根据需要设计具有不同电参数的脉冲磁场发生装置。首先有学者提出强脉冲磁场的磁感应强度较大;为了进一步强化细化金属凝固组织效果,又有学者提出磁感应强度变化速度更快的窄脉冲式脉冲磁场技术,也称为脉冲磁致振荡技术;为了克服高电压脉冲磁场在工业应用的局限性,还有学者提出低压脉冲磁场;为了降低集肤效应,更有学者提出低频脉冲磁场。

3.5.2　脉冲磁场对凝固的影响机理研究

研究学者在开展脉冲磁场细化晶粒技术实验研究的基础上,进行了大量的机理性研究。主要通过金属凝固形核过程和生长过程两方面研究脉冲磁场细晶机制。一是在凝固热力学和动力学基础上,从理论上诠释脉冲磁场下的形核模型;二是在唯象机制下,利用实验诠释脉冲磁场促进晶核增殖,从而细化晶粒机理。

研究脉冲磁场促进晶核增殖机理,主要是说明脉冲磁场对于等轴晶核来源的影响机理。等轴晶核的来源:一是凝固初期,自由晶从型壁游离;二是凝固初期,自由液面凝固形成"结晶雨";三是凝固过程中,树枝晶熔断、破碎。

(1)脉冲磁场下金属凝固形核研究

①形核热力学影响

研究脉冲磁场下的形核理论,主要是在经典形核理论基础上,从理论上建立脉冲磁场下的形核模型。脉冲磁场下熔体收缩效应引起过冷度增加,进而增加形核率。过冷度增加量 ΔT 计算式如下:

$$\Delta T = \Delta T_0 + \Delta T_p - \Delta T_j \tag{3.9}$$

式中,ΔT_0 为无脉冲磁场时的过冷度;ΔT_p 为熔体收缩效应的过冷度变化;ΔT_j 为焦耳热引起的过冷度变化。研究者认为脉冲磁场作用于凝固时,增加了过冷度,降低形核功,增加了形核率,从而细化金属晶粒;同时焦耳热作用降低过冷度,增加形核功,不利于形核。

在研究脉冲磁场对金属熔体的润湿角、比界面能的影响时,发现随着脉冲磁场强度增加,润湿角不断减小,比界面能也不断减小。因而脉冲磁场主要是通过降低液体金属的比界面能,从而降低金属凝固形核功,增加形核率,细化晶粒。

研究表明,交变磁场对金属熔体作用时,磁压力变化和磁化功的综合作用使熔体平衡凝固点温度改变。熔体凝固温度变化与固液两相体积变化差和固液两相磁化率差成正比。由于液固相的体积分数和磁场压力不同,脉冲磁场造成合金中固相和液相的温度不同,从而造成初始和结束时凝固温度不同。脉冲磁场的施加不仅使金属熔体的固相线和液相线温度提高,而且使熔体的过冷度提高,从而细化金属组织。

②形核动力学的影响

根据在磁场下金属凝固动力学条件可知,脉冲磁场能够降低形核功和临界晶核半径,而且磁场强度越大,形核功和临界晶核半径越小,越有利于增加形核率和细化凝固组织。

研究者采用添加不锈钢筛网的方法研究脉冲磁场对不同凝固阶段晶粒细化的影响,并测量冷却温度曲线。结果表明脉冲磁场细化晶粒主要发生在凝固初期阶段,相反在纯液相或生长阶段几乎没有影响,在脉冲磁场作用下凝固形核反应温度升高。他们认为这是由于磁化能提供了额外形核功,降低临界形核半径,增加形核率,从而细化晶粒。另外,脉冲磁场下熔体磁拌和振荡有效降低凝固前沿温度梯度,也有利于试验整体凝固,抑制枝晶长大,进一步细化晶粒。

(2)脉冲磁场促进晶核增殖机理

①脉冲磁场促进液面形成结晶雨

脉冲磁致振荡金属凝固细晶技术采用一种高频率、窄脉宽和高强度磁场,通过磁场强度高速变化在金属熔体表面产生振荡。研究通过在金属凝固过程中添加不锈钢金属网,发现脉冲磁场主要在纯铝的凝固阶段起细化晶粒的作用,提出由于先期在模壁形核的核心和熔体存在较大的电阻率差别,在脉冲磁场的作用下会使形核质点和熔体分别受到不同的电磁力,并认为这个电磁力的差值使得先形核的核心能够进入熔体内部。由于重力及磁压强的作用,进入熔体内部的形核点会像结晶雨一样分布在整个熔体中,使得整个熔体能够同时形核,细化晶粒。

②脉冲磁场促进枝晶破碎机理

脉冲磁场下,由于熔体的集肤效应,不同位置感应电流值不同,以及固液

电导率差别,造成电磁力在熔体中存在梯度,形成局部流速差,最终引起剪切应力:

$$\tau_x = -\mu \frac{\partial U_x}{\partial x} \tag{3.10}$$

$$\tau_y = -\mu \frac{\partial U_y}{\partial y} \tag{3.11}$$

式中,U_x 和 U_y 分别是熔体金属在 x 和 y 方向上的速度;μ 是黏度;τ_x 和 τ_y 分别是 x 和 y 方向上的剪切力。当剪切力足够大时,能打碎枝晶,形成细小的近球状的晶粒。如果凝固过程中的剪切应力足够大,熔体中的树枝晶尤其是细小的树枝晶将被碎断成细小的碎块,游离于熔体中并成为新的晶粒生长核心,从而使凝固后的晶粒得到细化和等轴化[25]。

3.6 电磁振荡对凝固的影响

3.6.1 电磁振荡

电磁振荡是 20 世纪 90 年代出现的一种新的晶粒细化的方法,其原理(图3.4)是在合金的凝固过程中,同时施加一个静磁场 B 和一个与之垂直的交变电流,它们相互作用,在熔体内部产生一个交变电磁力 F,迫使熔体发生振动,从而使晶粒细化,去除气体以及提高充型能力。这种振动设备不与熔体接触,基本无污染,振荡强度在熔体中均匀分布,因而可以获得均匀一致的组织。

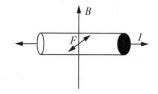

图 3.4　电磁振荡原理示意图[26]

3.6.2 电磁振荡效应

电磁振荡在金属熔体中产生的效应众多,主要的有五种效应,即感生电流效应、集肤效应、焦耳效应、起伏效应以及空化效应。前两者在之前的介绍中已经有所涉及,接下来介绍后三种效应。

（1）焦耳效应

电流通过导体时，最为熟知的效应就是焦耳效应。若电流密度为 j，导体的电导率为 γ，则电流通过导体时，产生的焦耳热 Q_j 为

$$Q_j = j^2/\gamma \tag{3.12}$$

对于凝固体系来说，焦耳热相当于内热源，它将使凝固体系的整体冷却速度降低，过冷度减小。对于固液共存的状态而言，由于液态金属的电导率 γ 比同材质的固态金属小数倍，所以固相是电流优先选择的通道，因而固相内产生的热效应大于相邻的液相。因此有可能导致固相重熔，至少可以促进界面处温度梯度的降低和整个熔体的同时凝固。由此可以推论，电场的作用使凝固过程趋于同时凝固，均匀长大，所以最终的凝固组织比较均匀。

（2）起伏效应

熔点以上的金属液的原子结构为近程有序、远程无序，总存在一些聚集数目不等的原子团簇。这些原子团簇是通过静电效应聚合的，它们随着金属液的能量起伏时聚时散。电场作用于熔点附近的凝固系统时，金属液中近程有序原子团簇的结构、尺寸和数量都会随着电场强度、方向而发生变化，这就加剧了结构起伏、能量起伏及温度起伏，从而促进均质形核。这种现象称为起伏效应。

（3）空化效应

在电磁振荡对金属细化机理的研究中，很多研究者将其归因于空化效应，合金熔体在剧烈的电磁振荡过程中，会发生空化效应。所谓空化效应是指在剧烈运动的半固态合金熔体中存在某些局部的低压微区，合金液中溶解的气体可能在此低压微区聚集形成气泡，当这些气泡运动到高压区时将会破裂而形成微观射流，在局部微区产生很高的瞬时压力，对合金熔体的熔点和形核条件产生影响。图 3.5 表示了孔穴的形核和破裂的过程，图中的 1、2、3、4 表示了过程中的顺序。只要振荡频率和强度适合，这种空化效应就可以形成。空化效应的主要作用是由孔穴爆裂时产生的高压所致。在孔穴爆裂的过程中，气泡壁首先在外力作用下被压入孔穴的内部并与孔穴内的气体核心紧密接触，此时的孔穴内部承受了很高的压力，在气泡爆炸的瞬间，气泡内的压力可高达数千个大气压。因此，当气泡爆炸后，会形成强有力的冲击波，引起过程中一系列的变化，从而对最后的凝固组织产生影响。空化效应对金属凝固过程的影响主要表现在：金属凝固形核、长大过程中空化泡爆炸对金属熔体也产生强烈的搅拌作用，形成大量新的晶核分布在整个熔体中，会促进在整个熔体中晶粒的均匀生长；并且空化效应造成的压力变化改变了形核的平衡温度，直接影响到临界晶核尺寸和形核率，同

时在气泡长大的过程中往往伴随着气化过程,将会降低气泡表面的温度,增大过冷度,诱发形核,细化晶粒。

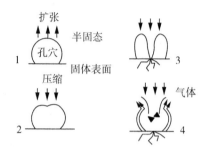

图 3.5　孔穴形成与爆炸示意图[26]

3.6.3　电磁振荡对凝固过程的影响

电磁振荡对凝固的影响可大概分为两类,即全域电磁振荡对凝固组织的影响和电磁流体波对金属凝固组织的影响。

研究表明,当在凝固组织中进行全域电磁振荡后,在较低的振荡压力下,柱状晶就转变成粗大的等轴晶,随着电磁振荡的加剧,晶粒不断细化,并最终形成细小的颗粒状组织。研究者认为空化效应是组织细化的重要原因,并发现了空化效应发生的临界压力。同时,研究者还发现,电磁振荡的频率、强度以及电流的强弱等都是影响凝固的重要因素。实验表明,随着振荡频率的增加,晶粒不断细化;但是当频率增加到一定值时,再增加振荡频率,晶粒并没有显著细化,即用电磁振荡影响合金凝固时,电磁振荡的频率应存在一个最佳值。因而电磁振荡的强度和电流的强弱被证明可以影响晶粒的尺寸。

在金属熔体中同时施加互相垂直的高强度静磁场和交变电流,它们互相作用在金属熔体中生成交变的电磁力,周期性交变电磁力对熔体的拉伸和挤压引起金属液的振荡,这种导电性流体在磁场中运动产生电磁流体波。广义上的电磁流体波包括阿尔文波(横波)和磁声波(纵波)。在过去很长一段时间内,由于电磁流体波在金属液体中很容易耗散,因而人们对于电磁流体波的研究仅局限在等离子领域。近年来随着超导技术和低温技术的进步,强磁场的研究开发取得了突破性进展,这使高强度静磁场的应用成为可能。在这种背景下,关于电磁流体波的研究不再局限于宇宙物理范畴。最近出现了在材料领域应用电磁流体波的研究。众多研究表明,电磁流体波对凝固组织有着细化作用。

3.6.4　电磁振荡在连铸过程中的应用

20 世纪 80 年代,在结合 EMC(电磁搅拌)和 EMS(电磁铸造)的基础上,人们提出了一种被称为 CREM(软接触电磁细晶铸造)法的新型铝合金电磁连铸工艺。CREM 法铸造工艺的特点是在传统结晶器外布置感应线圈,线圈中施加 50 Hz 的工频交流电,交变电流在熔体内部产生垂直方向的交变电磁场,金属熔体内部的感生电流与磁场交互作用,使熔体受到洛伦兹力的作用。由于铸锭与结晶器几何形状在垂直方向的不对称性,使得磁力线相对于铸锭的中心线发生了显著的偏转,导致熔体内部洛伦兹力的时间平均值同时存在垂直分量和水平分量。其中水平分量为与金属静压力梯度平衡的有势力,而垂直分量为有旋力场,起到了搅拌熔体的作用。

它有效地把 EMC 法(改善表面质量)和 EMS 法(细化晶粒,减小内应力,改善铸锭微观组织)两者结合起来。正是这种工艺结合了两种效应,使得这种工艺的可调性、通用性不强,针对这一点,研究者通过在结晶器外再增加一个稳恒磁场,利用稳恒磁场,交变磁场及其在熔体中诱发形成的感应电流三者之间交互作用,产生电磁振荡力,研究电磁振荡对半连铸铝合金凝固组织的影响。实验结果显示与仅施加交变磁场相比,铸造组织得到了更有效的细化。由于两种类型磁场同时存在,洛伦兹力在产生搅拌作用的同时,振荡分量得到加强,因此这一结果表明洛伦兹力的振荡分量在晶粒细化过程中起到了重要的作用。

东北大学开展的组合磁场对铝合金半连铸影响的研究中,研究者在 7075 铝合金半连铸过程中施加电磁振荡后发现,电磁振荡的最佳作用频率是 10~30 Hz,在此频率范围内,随着交变磁场感应线圈电流强度增大,铸坯中近球形组织增加,蔷薇状组织减少,晶粒整体尺寸变得更加细小和均匀;同时晶内溶质元素含量显著增加,宏观偏析现象在很大程度上得到抑制和消除,铸锭表面质量明显提高。分析表明:电磁振荡技术使熔体产生相当大的扰动,起着弥散合金元素、增加熔体整体过冷度、抑制枝晶生长的功能。他们认为电磁振荡技术所具有的搅拌作用使晶粒从结晶器壁游离数量增加,电磁振荡力的反复拉伸和压缩作用增加了熔体对高温固相化合物及准固相原子团簇的湿润,减少了以它们为基底的异质形核临界自由能,在过冷度较大的条件下,大量晶核依附其上,产生瞬间异质形核,增加了形核核心的数量,是晶粒细化的主要原因[26]。

3.7　强磁场下的定向凝固

3.7.1　定向凝固技术的研究

定向凝固是指在凝固过程中采用强制手段,在凝固金属和未凝固金属熔体中建立起特定方向的温度梯度,从而使熔体沿着与热流方向相反的方向凝固,最终得到具有特定取向柱状晶的技术。定向凝固技术可以较好地控制凝固组织的晶粒取向,消除横向晶界,获得柱状或单晶组织,进而提高材料的纵向力学性能。目前,定向凝固技术主要应用于具有均匀柱状晶组织的铸件,如应用在航空领域可生产高温合金发动机叶片,运用该技术可以使叶片的高温强度、持久性和热疲劳性等性能得到大幅度提高。

定向凝固技术最初是在高温合金的研制中形成和完善起来的,目前已成功应用在制备磁性材料方面,深过冷快速凝固是目前制备块体纳米磁性材料的重点研究方向之一。定向凝固技术也是制备复合材料的重要手段。研究者使用具有高温度梯度和高真空等特点的定向凝固设备,制备出了高强度、高塑性和大导电性的自生 Cu-Cr 复合材料棒,使复合材料的综合性能得到大幅度提高[27]。

另外,定向凝固技术的发展直接推动了凝固理论的深入发展。从成分过冷理论到界面稳定动力学理论(MS 理论),人们对凝固过程有了更深刻的认识。MS 理论成功地预言了随着生长速度的提高,固液界面形态将经历平界面→胞晶→树枝晶→胞晶→带状组织→绝对稳定平界面的转变。树枝晶→胞晶转变的发现,是近年来凝固理论研究的重大进展之一,促进了凝固理论的发展[28]。

3.7.2　定向凝固过程中的热电效应

定向凝固是一种采用单向传热,并辅助以特殊加热、强制冷却等手段,实现晶体、枝晶或多相凝固组织的定向生长,从而获得具有各向异性的凝固组织,使材料在某些特定方向上的性能大幅度提高。金属材料在定向凝固过程中,凝固界面附近始终存在一个温度梯度分量,同时凝固界面处具有不同热电系数的固相和液相相互接触。由热电效应可知,定向凝固过程中凝固界面附近会产生热电势,同时在固相和液相上有热电流回路形成。相应地,当热电流流经固相和液相时,也会有热量的产生和吸收。不同金属材料热电系数存在正负之分,并且随温度升高而单调增加或减小。当温度达到金属材料熔点时,固相和液相之间会形成一个明显的热电系数差,这个热电系数差会导致凝固界面处产生热电流,这就是热电效应。

3.7.3　强磁场对定向凝固的影响

近年来,磁场作用下的定向凝固组织成为许多科研工作者的研究热点。在定向凝固过程中施加稳恒磁场,控制金属凝固过程中热量、质量和动量的传输以及液态金属的成型过程,不仅有利于改善和控制凝固组织和成分分布,而且对于制备新材料也具有重要的意义。

在定向凝固过程中施加稳恒磁场最初主要应用在半导体材料方面,现在已被广泛地应用于抑制合金熔体内部的流动,减少宏观及微观偏析。值得注意的是,当在金属材料定向凝固过程中施加不同类型的磁场时,如纵向磁场和横向磁场,所产生的热电磁效应不同。由于枝晶和周围液相之间存在一个径向的温度梯度分量,进而产生径向的热电流,当施加纵向磁场时,纵向磁场和径向热电流的相互作用会围绕着枝晶顶端和底端产生两个相反方向的环形热电磁流动。相应地,由于在凝固方向上轴向温度梯度的存在,进而产生轴向的热电流;当施加横向磁场时,横向磁场和轴向热电流的相互作用会在枝晶间产生一个单向的热电磁流动。

研究认为,磁场下定向凝固过程中,不同尺度上达到最大热电磁流动所需施加的磁场强度不同。尺度越大,达到最大热电磁流动所需施加的磁场强度越小,反之越大。当施加的磁场强度较低时,热电磁流动的流速随磁场强度增加而增大;当施加的磁场强度达到一定值以后,热电磁流动的流速达到最大值。此后,随着磁场强度的进一步增加,热电磁流动的流速逐渐减小。如果施加的磁场强度足够大,热电磁流动将被完全抑制。

3.8　磁场下的宏观偏析

3.8.1　宏观偏析的形成机制

宏观偏析也称低倍偏析。按形成的原因来分,可分为正偏析、负偏析和比重偏析;按呈现的形态来分,可分为中心偏析、通道偏析(A 偏析、V 偏析、黑斑)、带状偏析等。

目前公认宏观偏析是富含溶质的液态金属沿枝晶间局部流动引起的。虽然不同的磁场形式对金属凝固的影响机制不同,但在金属凝固过程中施加磁场会显著地影响熔体的流动形态,进而会影响凝固前沿的推进、溶质和温度的分布,最终影响材料的宏观和微观组织。

所有类型的宏观偏析都是在液固两相区形成的,虽然至今有些问题还没有完全弄清楚,但是研究者们大致都认为铸件产生宏观偏析的规律与铸件的凝固特点密切相关。目前公认宏观偏析是液态金属沿枝晶间局部流动引起的。这种局部流动可以是由温度、浓度差引起的双扩散对流,即热溶质对流,熔体内部在密度差而发生的自然对流;也可以是凝固收缩与变形、机械以及电磁作用引起的固液相的相对流动。

中心偏析多见于连铸坯中,其形成的根本原因是富集溶质元素的母液流动。铸坯的柱状晶较发达,容易出现"搭桥"现象,造成液相补缩受阻,另外当铸坯发生鼓肚变形时,也会引起液相穴内富集溶质元素的液相流动,造成中心偏析。对于通道偏析(A、V偏析),前人研究发现通道偏析是在凝固过程中糊状区富集溶质的液相因温度、浓度不同,产生密度差异,形成局部流动而引起的。对于黑斑的形成,已被公认的理论认为糊状区的热溶质对流是引起黑斑的根本原因,而热溶质对流又是枝晶偏析造成的密度差引起的;另有研究者证实了凝固速度比温度梯度对黑斑形成影响更大。

3.8.2　磁场对宏观偏析的影响

研究表明,选择合适频率的磁场能够使合金元素分布区域均匀,有效地控制合金元素的宏观偏析,不当的磁场参数有时会加快偏析的形成。比如,合适的水平磁场能够抑制通道的形成,但是纵向的偏析却没有因为抑制了通道的形成而受到影响。在用旋转磁场对 Sn-Sb 二元合金偏析行为进行研究时,发现 Sn-Sb 合金在凝固过程中,由于析出物的密度差异,产生严重的偏析。但是施加了旋转磁场后,比重偏析得到了改善。

均匀强磁场和梯度强磁场对铝合金的影响不同,均匀强磁场能够减少 Al-5％Cu 和 Al-10％Mg 合金中的溶质偏析,而梯度强磁场能够减小 Al-5％Cu,但加重 Al-10％Mg 合金中的溶质偏析。磁场控制溶质分布并进一步控制由诸如密度和磁化系数等物理性质的差异引起的重力偏析,主要是通过洛伦兹力和磁化力来实现的。

磁场控制凝固过程偏析受诸多因素的影响,包括磁场的类型(旋转磁场、行波磁场、脉冲磁场、强磁场、梯度磁场等)、磁场参数(磁场强度、频率等)、试验合金的种类(铅锡合金、铝合金等)。不同的研究人员采用不同的磁场、不同的合金种类,试验结果也不尽相同,有的能有效地控制宏观偏析,有的反而加重了偏析;即使是相同的磁场、相同的合金种类,选择不同的磁场参数也会不同程度地抑制或加重偏析[29]。

3.9 凝固过程中的磁场控制技术

3.9.1 磁场增强电渣重熔技术

电渣重熔是生产高品质钢的重要手段,其主要作用之一是去除非金属夹杂物,而去除非金属夹杂物的效率与熔滴尺寸直接相关,熔滴尺寸越小,就越有利于金属液中夹杂物的去除,将极大地提升电渣重熔的效率。一般熔滴尺寸由重力、表面张力等力之间的平衡所决定,难以改变。而当施加一个振荡的外力时,将打破这一平衡,大大减小熔滴的尺寸。

研究表明,当在电渣重熔电极附近放置一横向稳恒磁场时,该磁场将与通过熔滴颈部的工频重熔电流相互作用产生强大的振荡洛伦兹力,促使熔滴颈部变形,进而被破碎为众多细小的熔滴,从而大大提高电渣重熔过程精炼的净化效率。实验结果表明,施加磁场后的净化效率显著提高,且在一定范围内随着磁感应强度的增加和磁场下电流强度的增加而增加,可成倍降低夹杂物含量。同时由于磁场也作用到熔池中,强化熔池中的流动,从而大大降低铸锭的枝晶间距,显著细化组织;静磁场的施加,使电渣重熔锭中溶质元素的轴向偏析减轻,成分分布趋于均匀,S、P 杂质元素的去除效率大大提高,非金属夹杂物含量显著降低,且重熔锭的硬度增加。

3.9.2 板坯连铸结晶器电磁制动技术

连铸结晶器内钢液流动行为的好坏直接影响铸坯的质量和性能。因此,如何优化和控制结晶器内钢水流动行为,在冶金学上保证连铸坯的高质量,成为实现高速连铸过程中核心的问题之一。为了解决这些问题,冶金工作者通过优化水口结构、调整水口倾角和深度以及水口吹 Ar 技术等,取得了一些效果,但仍不能满足高质量铸坯的要求。板坯连铸结晶器电磁制动技术,以其无接触且可根据连铸工艺参数灵活主动调节等优点,成为钢铁生产中占主导地位的结晶器流动控制手段。常见的板坯连铸控流装置有:行波磁场(AC 型)电磁搅拌和稳恒磁场(DC 型)电磁制动技术。

结晶器电磁制动是指在结晶器周围安装静磁场发生装置,通过静磁场与流动钢液发生相互作用而产生的电磁力来抑制钢液流动,从而减弱结晶器液面波动、卷渣,以及对凝固坯壳的冲刷。通常,电磁制动可分为区域型电磁制动、全幅一段电磁制动和全幅两段电磁制动 3 种类型。

目前,对于结晶器电磁制动的研究主要以数值模拟为主,研究电磁场对结晶器内钢液流场、温度场、钢渣界面波动和吹 Ar 的影响。研究者在研究电磁制动对板坯结晶器流场和凝固坯壳的影响时,发现施加静磁场可以减弱钢液流股对凝固坯壳的冲击,有利于凝固坯壳的生长;在电磁制动和吹 Ar 的双重作用下,结晶器上回流速度和自由表面速度均增大,因此需要有效控制好吹 Ar 速度以及电流强度,以保证自由液面的稳定和防止卷渣的发生。尽管上述结果对研究电磁制动具有很大指导意义,但相比于物理模拟而言,数值模拟对计算模型做了很多假设,而物理模拟能更好地反映钢液实际流动。有研究者采用低熔点金属研究了不同模式下电磁制动对结晶器内流场的影响,在对全幅单条电磁制动下液态金属的流场进行研究中发现,静磁场使浸入式水口出流受到抑制,上部环流区流动增强,能有效增强自由液面的波动和流动;常规流场控制结晶器 FC-Mold(双条型电磁制动)下的流场受到上下磁场强度的影响,通过分别调整磁场强度可控制液面流动速度和波动幅度、流动向下侵入的深度。但发现在侧壁附近易于产生较强的附壁下降流动,在一定范围内,随磁场的增强,该流动增强,对该处坯壳产生冲刷。在大量实验研究的基础上,研究者在侧壁处施加一定的磁场,抑制该处流动,减轻对坯壳的冲刷。实验研究还发现,单纯增大磁场抑制流动的作用有限,在垂直磁场方向的流动受到抑制的同时,平行磁场方向的流动却得到加强,将造成液面的新的波动。物理模拟实验的结果,为建立磁场与流场耦合数学模型提供了坚实的基础,由此来分析电磁制动下板坯连铸结晶器内的钢液流场,用以验证数值模拟的准确性。研究结果表明:电磁制动下结晶器内流场具有复杂的三维特性,制动模式会严重影响流动状态,单一模式磁场已满足不了连铸中流动控制的需要。因此,应发展多模式调制电磁场,以满足不同流场控制的需要,并与连铸工艺合理匹配。

3.9.3 钢连铸的工艺优化技术

在钢连铸过程中,常采用电磁搅拌和末端压下等手段,而铸坯的凝固组织和偏析状况与连铸的多个参数相关,且变化复杂,难以掌握,造成生产的不稳定等问题。为深入掌握连铸参数对铸坯凝固组织和偏析的影响规律,研究者设计建设了专用于连铸过程的热模拟装备进行系统研究。基于连铸中主要在径向上、沿拉坯方向铸坯的传热可以忽略的特点,将连铸结晶器(尺寸与实际相同)的底部用耐火材料封住,钢液浇注入结晶器内后,热量基本都沿径向传递,模拟结晶内钢液传热和凝固过程;在一定时间后可将带液芯的铸坯取出施以喷水冷却,模拟二冷过程;在凝固结束前将铸坯进行机械压下,模拟末端压下过程。在结晶器内冷却和二冷阶段可施加电磁搅拌,考察电磁搅拌的影响。利用这一装备研究轴承钢连铸中过热度、冷却条件、电磁搅拌和末端压下对凝固组织和宏观偏析的影响。结果发现,电磁搅拌能够明显减少 C 和 Cr 元素的偏析,并以此获得了定量或者半定量的关系,为轴承钢工业生产提供有价值的参考。

　　一方面,连铸过程涉及热、流动、溶质迁移、凝固甚至固态相变,因此电磁冶金技术的应用需综合考虑电磁场对这些方面的影响,才能有效发挥电磁场的作用。另一方面,连铸过程始于中间包,止于完全凝固,最终质量受各阶段的影响,因此局部电磁场的施加将产生遗传作用,需进行综合性研究才能掌握其影响规律。采用物理模拟与数值模拟结合分析能更好地揭示连铸过程的冶金机理,验证数学模拟的准确性,从而综合分析冶金过程参数变化的影响。同时,根据连铸过程的特殊要求进行"设计",将调幅磁场应用到连铸过程中,使磁场的探索成为可能,进一步的研究将综合考虑结晶器内流场、温度场等因素,从铸坯质量出发,结合调幅磁场的特殊性质,从流体力学的角度研究磁场作用下的流动和传热行为。同时采用机器学习和大数据分析,结合流场评价指标,两个模型相互解释和支撑,基于"工艺参数"和"铸坯质量"之间的相关性,来获得两者之间的"预测模型",并进一步优化控制工艺参数,使连铸过程朝着智能化方向迈进[30]。

参考文献

[1] 余建波. 电、磁复合效应对金属凝固组织的影响[D]. 上海:上海大学,2009:摘要.

[2] 洪鹏. 外加电场和磁场对钢铁熔体凝固过程的影响研究[D]. 马鞍山:安徽工业大学,2010:2-6.

[3] 洪鹏. 外加电场和磁场对钢铁熔体凝固过程的影响研究[D]. 马鞍山:安徽工业大学,2010:6.

[4] 袁兆静. 磁场作用下镍基高温合金固态相变行为及力学性能研究[D]. 上海:上海大学,2016:1.

[5] 王建元,陈长乐. 磁场作用下的金属凝固研究进展[J]. 材料导报,2006,20(5):78-81.

［6］余建波. 电、磁复合效应对金属凝固组织的影响［D］. 上海：上海大学，2009：3-4.

［7］洪鹏. 外加电场和磁场对钢铁熔体凝固过程的影响研究［D］. 马鞍山：安徽工业大学，2010：13-14.

［8］洪鹏. 外加电场和磁场对钢铁熔体凝固过程的影响研究［D］. 马鞍山：安徽工业大学，2010：17-18.

［9］王强，王春江，王恩刚，等. 强磁场对不同磁化率非磁性金属凝固组织的影响［J］. 金属学报，2005，41(2)：128-132.

［10］郑天祥. 磁场作用下 Zn-Bi 难混溶合金凝固组织演变规律的研究［D］. 上海：上海大学，2016：29-32.

［11］张新德，王松伟，那贤昭. 磁场对金属材料凝固的影响［J］. 钢铁研究学报，2014，26(5)：2-6.

［12］周源. 高熵合金在强磁场中凝固过程的研究［D］. 沈阳：沈阳理工大学，2014：13.

［13］李贵茂. 磁场作用下 Cu-Ag 合金凝固组织与原位形变组织和性能的研究［D］. 沈阳：东北大学，2011：9-10.

［14］李贵茂. 磁场作用下 Cu-Ag 合金凝固组织与原位形变组织和性能的研究［D］. 沈阳：东北大学，2011：11-12.

［15］娄长胜. 强磁场下合金熔体中颗粒运动行为控制及其对凝固组织演化的影响［D］. 沈阳：东北大学，2010：9.

［16］刘铁. 强磁场下合金凝固组织控制及梯度与取向材料制备的基础研究［D］. 沈阳：东北大学，2010：7-8.

［17］周源. 高熵合金在强磁场中凝固过程的研究［D］. 沈阳：沈阳理工大学，2014：13-14.

［18］李贵茂. 磁场作用下 Cu-Ag 合金凝固组织与原位形变组织和性能的研究［D］. 沈阳：东北大学，2011：10-11.

［19］钟华. 强静磁场对 α-Al 枝晶生长过程调控机理的研究［D］. 上海：上海大学，2017：24.

［20］袁兆静. 磁场作用下镍基高温合金固态相变行为及力学性能研究［D］. 上海：上海大学，2016：5-6.

［21］周源. 高熵合金在强磁场中凝固过程的研究［D］. 沈阳：沈阳理工大学，2014：13.

［22］张新德，王松伟，那贤昭. 磁场对金属材料凝固的影响［J］. 钢铁研究学报，

2014,26(5):4.

[23] 任忠鸣,雷作胜,李传军,等. 电磁冶金技术研究新进展[J]. 金属学报,2020,56(4):594.

[24] 班春燕. 电磁场作用下铝合金凝固理论基础研究[D]. 沈阳:东北大学,2002:20-22.

[25] 陈国军. 低频脉冲磁场金属凝固晶粒细化机理研究[D]. 沈阳:东北大学,2015:4-14.

[26] 余建波. 电、磁复合效应对金属凝固组织的影响[D]. 上海:上海大学,2009:6-15.

[27] 李秋燕. 稳恒磁场对 Ni-Mn-Ga 合金定向凝固组织的影响[D]. 上海:上海大学,2014:8.

[28] 刘欢. 稳恒磁场对 Ni_3Al 和 NiAl 基金属间化合物定向凝固组织及力学性能影响的研究[D]. 上海:上海大学,2018.

[29] 张新德,王松伟,那贤昭. 磁场对金属材料凝固的影响[J]. 钢铁研究学报,2014,26(5):1-4.

[30] 任忠鸣,雷作胜,李传军,等. 电磁冶金技术研究新进展[J]. 金属学报,2020,56(4):586-592.

第四章　电磁搅拌对晶体组织的影响

4.1　概述

在冶金过程中,冶金反应基本都是在高温下进行的多相反应,其反应速度受诸多化学因素影响的同时,也受物理因素的影响。由于大多数冶金反应都是非均匀相反应,因此,在冶金动力学的研究中需要充分考虑物理方面的因素。在火法冶金中,许多物理过程和化学过程大多在金属熔体和熔渣之间进行,因而这些熔体和熔渣的物理性质对冶金反应的热力学和动力学有非常重要的影响。而渣金界面反应是指熔渣与金属液之间发生的液液相化学反应,这是冶金工业中最重要的多相反应之一。在工业生产中,人们常用搅拌加速渣金界面反应,促进金属液成分和温度均匀,其是增加渣金界面面积和改善动力学的重要手段。在一定条件下,搅拌还有利于金属液中气体和夹杂物的去除,对于提高冶金产品的品质有非常重要的作用。用于改善渣金反应动力学条件的搅拌方法主要有机械搅拌法、气体搅拌法和电磁搅拌法。本章的主要内容是电磁搅拌对晶体组织的影响[1]。

电磁搅拌是冶金工业中最先实现工程应用的电磁冶金技术,其可促进金属熔体成分和温度的均匀化,并通过使金属熔体中的气体和夹杂物发生碰撞、聚合、长大,夹杂物加速上浮而被排除,对提高铸锭的品质有重要作用。

在讨论电磁搅拌技术之前,先了解一个新概念——电磁冶金。实际上,通过前面章节的介绍,读者对电磁冶金技术应该不难理解,因为无论磁场热处理还是强磁场下的晶体取向都属于电磁冶金技术,这一章介绍的电磁搅拌,究其本质也是电磁冶金技术。

电磁冶金技术是将各类电磁场应用于冶金各过程中,通过其电、磁、热、力等效应,来强化冶金反应工艺过程、实施过程控制以及制备新材料等。至今,人们利用这些物理效应,已开发出加热、熔化、金属熔体流动控制和凝固控制等一系列技术,涵盖了冶金的主要流程,如:钢液中施加电磁净化技术,以去除夹杂物;中间包中施加电磁加热和净化技术,以控制温度场和流场、去除夹杂物;水口中施加电磁旋流技术,降低对结晶器内钢水的冲击;结晶器中施加软接触电磁连铸,减少结晶器的振痕对铸坯质量的影响;施加板坯结晶器电磁搅拌技术,促进钢液中气泡和夹杂物上浮、使钢液成分和温度场均匀,改善板坯质量;二冷区与末端施加电磁搅拌优化技术,消除偏析裂纹;热处理中施加电磁热处理技术,实现组织调控。电磁冶金技术为高品质钢的生产提供了保障。

国外电磁冶金技术起步早,研究成果也众多。而国内电磁冶金技术近年来发展迅速,在电磁感应加热、连铸电磁搅拌技术、电磁制动技术、电磁净化金属液技术、强磁场控制金属凝固技术等领域,从基础理论到应用技术以及装备等方面开展了广泛深入的研究,取得了显著进步,逐步摆脱了依赖国外技术和装备、跟随国外研究的状态,开启了自主研发、独创研究的阶段[2]。

电磁场技术能应用于材料加工,归功于研究电磁场与导电流体之间相互作用行为的电磁流体力学的发展。对金属流体施加旋转电磁场,由于电磁感应原理,可以在金属流体中产生电磁力,而电磁力具有对金属流体进行搅拌及制动等功能[3]。

4.1.1　电磁搅拌技术

电磁搅拌技术作为简单、高效的熔体处理办法,可以解决凝固过程中由熔体温度分布不均匀、冷却强度差异等导致的晶粒粗大、组织成分场不均匀问题,能够适用于包括铝合金在内的多种金属的熔体处理。电磁搅拌实质上是由搅拌器线圈产生的交变磁场作用于熔体内部,在金属液内部产生感应电流,感应电流与外加磁场相互作用产生洛伦兹力,驱动熔体产生强制对流,进而改善金属在凝固过程中的对流换热与传质条件,可以做到改善晶粒粗大、扩大等轴晶区、均匀化溶质成分场和消除疏松等,进而能够提高合金强度,有时会改善合金塑性。在电磁力的作用下产生的洛伦兹力可以使金属液内部产生强制循环对流,使凝固前沿的枝晶熔断或破碎,新的枝晶碎片可以作为等轴晶的形核质点,从而扩大等轴晶区。但是在施加的电磁场频率较高时,会产生集肤效应,这就导致电磁力会只作用在铸锭边部,并不能渗透到熔池内部。对此,东北大学崔建忠等人在法国学者的研究基础之上,改进并发展了低频电磁铸造方法,一定程度上避免了集肤效应所带来的负面作用,使电磁力可以在熔池心部和边部同时作用,在搅拌的过程中改变熔体的流场和温度场,改进热量传输。

但是在实际中,交变电磁场产生的集肤效应很难避免,带来的影响依然很大,因此,徐骏等在此基础上研究开发了环缝式电磁搅拌的熔体处理方法,用以制备半固态流变浆料或坯料。环缝式电磁搅拌与传统电磁搅拌相比,金属熔体在环形空隙内受到电磁力的作用下快速流动,因为用工频就可以达到强烈的电磁搅拌效果,不需要变频系统,摆脱了烦琐复杂的结构,降低了生产成本,同时熔体的搅拌力和温度场的均匀性大大提升,电磁搅拌在工业领域内的应用得以推广和发展[4]。生产中电磁搅拌可减少连铸坯表面和皮下的夹杂物与气孔数量,并使夹杂物分布更加均匀,减少中心疏松与成分偏析,提高铸坯质量。

4.1.2 电磁搅拌技术的发展

电磁搅拌技术作为磁流体力学的一个分支,最早于1930年在瑞典被提出,但由于当时技术的限制,未能得以实施。直到20世纪40年代末,Dreyfus(德雷福斯)博士联合Sandvik(山特维克)厂研制出世界上第一台15 t电弧炉用电磁搅拌装置,在此之后电磁搅拌技术作为提高铸坯质量的重要手段才逐步被推广到连铸机上。在20世纪60年代到70年代初,连铸电磁搅拌技术才逐步实现了工业化,大量的冶金研究者开始对电磁搅拌技术进行工业试验,他们发现电磁搅拌对改善铸坯凝固组织有非常显著的效果。到了20世纪90年代,不仅方坯、圆坯电磁搅拌技术日益完善,板坯电磁搅拌技术的作用效果和作用机理以及电磁搅拌的方法和工艺参数的研究也取得突破性的进展,这标志着电磁搅拌技术逐步走向了成熟。

我国对电磁搅拌技术的研究开始于20世纪70年代末,虽然起步较晚,但已吸收引进的发展模式,在电磁搅拌设备研制方面取得了显著的成果。在电磁搅拌装置研究初期,虽然电磁搅拌技术的冶金效果得到了国内钢铁行业的普遍认可,但是,当时由于技术上的落后,只能依靠进口国外先进的电磁搅拌装置来进行连铸生产,不但成本高,而且技术上的绝对保密严重影响了我国电磁搅拌技术的发展。对此,国内的科研机构与钢铁企业开始尝试合作、独立研发电磁搅拌装置,并取得了令人瞩目的成绩。1984年,中国科学院与首钢集团联合研发的行波磁场搅拌器成功在大方坯连铸机上运行。1996年5月,我国独立研发设计的成套二冷区电磁搅拌装置首次成功在舞钢公司大型厚板连铸机上应用。

1999 年,东北大学成立了宝钢-东大材料电磁过程联合研究中心,重点研究电磁搅拌作用机理。随着对电磁搅拌技术研究的深入,我国电磁搅拌技术已经趋于成熟,目前宝钢自主研发的大板坯二冷区电磁搅拌装置虽然在整体的性能上已达到世界电磁搅拌装置的先进水平,但在电磁搅拌器的稳定性、使用寿命和在实际生产中电磁参数的确定等方面仍与国外存在着一定的差距[5]。

4.1.3　电磁搅拌器的基本组成及主要形式

目前常用的电磁搅拌装置一般由电磁搅拌器本体、电源系统和电磁搅拌控制系统三部分组成,而电磁搅拌器的本体则主要由铁芯、线圈、冷却水系统组成。电磁搅拌器在工作时,首先需要通过控制系统对各项具体搅拌参数进行设定,然后通过电源系统对搅拌器本体中铁芯上的线圈进行供电,从而产生移动的磁场对金属液进行电磁搅拌。在电磁搅拌器的工作过程中,还可以根据具体工艺要求的不同,通过控制系统对搅拌强度以及方向等具体参数进行实时调整。由于电磁搅拌过程中,线圈中的电流值很大,因此需要循环冷却水系统来保护感应线圈的正常工作。由于集肤效应的存在,电磁场在金属液中的穿透深度与电源频率有着密切的关联,频率越低,磁场穿透深度则越大;因此为了获得较高的磁场穿透深度,电磁搅拌器一般应选择低频电源。

随着电磁搅拌技术不断发展,电磁搅拌装置的形式变得多种多样。电磁搅拌按搅拌方式一般可分为旋转型、线性和螺旋电磁搅拌。

(1)旋转型电磁搅拌器具有易于安装、冶金效果好的工艺的特点,被普遍应用于方坯、圆坯生产中,通过产生旋转磁场使金属液做旋转运动。

(2)线性电磁搅拌器用于板坯和大矩形坯的生产中,通过产生直线运动的磁场,液态金属做直线运动,线性电磁搅拌器加强金属液内的自然对流强度,使金属液混合均匀,降低金属熔体的过热度,有利于等轴晶的形成。

(3)螺旋电磁搅拌器如同行波磁场与旋转磁场的组合磁场,在组合磁场的作用下液态金属做螺旋运动,金属熔体能够在较长范围内流动,有利于夹杂物的上浮,但此种搅拌器因结构复杂等因素,并未得到广泛的应用。

根据电磁搅拌器安装位置的不同,可以分为凝固末端电磁搅拌(F-EMS)、二冷区电磁搅拌(S-EMS)和结晶器电磁搅拌(M-EMS)三种类型。结晶器电磁搅拌由于具有明显改善铸坯表面质量,提高铸坯纯净度,减少铸坯中心疏松、缩孔等缺陷,细化晶粒,提高铸坯等轴晶率的冶金效果而被普遍应用于各种类型的连铸机上。目前 M-EMS 的搅拌方式一般采用旋转型,通过产生使钢液做旋转运动的电磁力,来改善结晶器内钢液流动和传热状态,以达到良好的冶金效果。

但在实际的连铸生产过程中普遍采用浸入式水口来进行钢液浇注,电磁搅拌作用会使结晶器内弯月面附近的钢液产生剧烈波动,电磁搅拌强度越大,其波动越剧烈,这不利于保护渣对钢液内部夹杂物的吸收,甚至会出现卷渣现象,即钢液与保护渣分离。随着连铸技术的不断发展,用户对铸坯质量的要求越来越高,在实际的连铸生产中,仅靠一种电磁搅拌方式难以满足某些高档产品对铸坯质量的要求。因此,为了得到更好的电磁冶金效果,组合式电磁搅拌技术开始发展并逐渐走向成熟。目前,M+F-EMS 和 M+S-EMS 组合方式都已成功运用于连铸生产中,与单一电磁搅拌方式相比,组合式电磁搅拌方式在提高铸坯质量和消除铸坯各种缺陷问题上更有优势,组合式电磁搅拌方法成为未来发展的重要方向[6]。

4.1.4 电磁搅拌技术的优点

电磁搅拌是借助电磁力驱动金属熔液使之产生流动,通过线圈的不同配合,作用于合金液的电磁场产生不同形式的变化,例如有旋转磁场、直线磁场、螺旋磁场等,以此达到不同的搅拌效果。与吹气搅拌、机械搅拌等方法相比,电磁搅拌具有以下几个特点。

(1)非接触性

电磁搅拌借助电磁感应实现能量的无接触转换,因而不与金属熔液接触就能将电磁能直接转换成金属熔液的动能。

(2)可控制性

电磁搅拌是感应线圈激发的磁场,可以通过调节励磁电流和频率来实现对电磁力的控制,进而可以控制金属熔液的流动形态。其他参数也易于调节,且调节范围较宽,可以满足不同断面和金属熔液的需要。

(3)促进金属液中有害气体及杂质的去除

整个电磁搅拌过程可以在氧、氢等气体分压相对较低的密闭环境中进行,因此对金属液进行电磁搅拌可以得到很好的除气效果。此外,在对金属液进行电磁搅拌时,由于金属液是电的良好导体,因此受到的电磁力比较大,并且金属液会在该较大电磁力作用下快速流动,而金属液中的非金属夹杂物则并不受到电磁力的作用,因此运动速度相对较慢,这种状况有利于夹杂物的聚集、碰撞、长大、上浮,并且钢水中良好的搅拌作用也有利于夹杂物被运送到渣金界面而被捕获。

(4)合金收得率高

一些研究表明,电磁搅拌所产生搅拌力的分布均匀程度要优于吹 Ar 搅拌,从而有利于缩短合金在金属液中的熔化时间,并且搅拌过程中还可以随时通过调节电磁搅拌方向及强度等手段对金属液的表面形态等进行有效控制与改变,防止合金悬浮于渣层,从而大幅提高合金元素的收得率。

(5)不会造成金属熔体污染

机械搅拌或吹气搅拌都需要搅拌介质直接接触金属熔体,因此在搅拌过程中会污染金属液,最终导致金属液中夹杂物或有害气体的增加;而电磁搅拌为非接触式搅拌,不会在搅拌过程中对熔体造成污染,也不会改变熔体的成分。

(6)提高效率

电磁搅拌器的安装及运行操作都相对比较简单,电磁搅拌操作过程中几乎没有易耗件,并且可靠性也很高,因此对日常的维护的要求很低;而其他搅拌方式,必须进行机械安装、整理及维护等,另外还需要补充易耗件。此外,电磁搅拌过程可以在相对封闭的环境中进行,因此可以有效防止金属暴露于空气之下,从而减少热量损耗,并且电磁搅拌过程中的温降非常小,从而可以缩短冶炼周期,提高生产效率。以容量为 60 t 的铝熔炉为例,电磁搅拌可缩短的熔炼时间大约为无电磁搅拌时所用熔炼时间的 20% 以上,还可以减少 10%～15% 的燃料消耗,同时将生产率提高 15%～30%。

(7)改善搅拌操作环境及降低生产成本

电磁搅拌的应用可以减少炉前操作工的高温作业量以及维修工作量,同时还可以减少灰尘等环境有害因素,大幅度地改善炉前操作环境,提供一个清洁的工作场所。电磁搅拌设备没有任何移动部件,因此仅需要电力输入便可以维持其运行。电磁搅拌器的运行成本很低,电力消耗仅为 0.8 kW·h/t,设备维护和冷却水的成本也仅为电力成本的 25%、50%[7]。

(8)电磁搅拌使熔池内温度和成分趋向均匀

由旋转磁场所产生的电磁搅拌能使激光熔覆熔池产生强烈的混合对流,从而加速了熔池内物质的对流,使熔池温度场和溶质分布均匀。电磁搅拌使得熔池内液相中各处形核概率相等,在各处形成的晶核更加趋向于同时性,因此形核率大大增加,同时通过磁场对金属熔体的搅拌作用,加快了散热,使整个熔池熔体的过冷度加大。在熔池的上方,熔体与空气接触,散热速度加快,形核率加大,电磁搅拌引起的强烈对流,加速了液面下新形成的晶粒向熔体中的转移。当液相温度低于合金液相线温度时,液相中所析出的枝晶组织可在液流带动下进行不断的运动及自身的转动,再加上均匀的温度场及化学成分,使得这些枝晶组织很难连成一片,故可抑制晶粒长大[8]。

随着人们对电磁搅拌技术研究的深入,电磁搅拌技术在提高母合金质量和性能方面的应用将会越来越广泛,其发展趋势可以概括为以下几点:

①电磁搅拌方法应用在钢和轻质合金系的研究中已经取得了一定的发展,但对于 Cu 合金等重金属方面的研究还处于起步阶段。

②利用电磁搅拌对合金组织控制的机制已经存在一定的理论解释,但对于电磁搅拌处理后的组织会对材料的性能带来多大的影响及其影响机制还不完善,仍需进一步研究。

③电磁搅拌所应用的合金种类的日益丰富及电磁搅拌凝固理论的发展,也将为金属凝固基础理论的研究开辟一个崭新的局面[9]。

4.2 电磁搅拌的冶金机理与特点

4.2.1 电磁感应定理

电磁搅拌器产生三相或两相的交流电流时激发绕轴旋转的旋转磁场,该磁场不仅具有一定的旋转速度和强度,而且还有方向的交替变化。当磁力线切割金属熔体时,就会在其中产生感应电流,即

$$J = \sigma E = \sigma(v \times B) \tag{4.1}$$

式中,J 为感应电流密度;σ 为钢水导电率;E 为感应电势;v 为磁场与熔体相对运动的速度;B 为感应强度。它们之间的关系由右手定则确定,如图 4.1(a)所示。

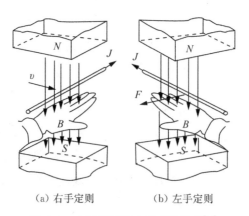

(a) 右手定则　　　　(b) 左手定则

图 4.1　电磁搅拌基本原理示意图[10]

4.2.2　电磁相互作用定律

在金属熔体中产生的感应电流与所在磁场的相互作用产生电磁力 F，即

$$F = J \times B = \sigma(v \times B) \times B \tag{4.2}$$

它们之间的关系由左手定则确定，如图 4.1（b）所示。需要指出的是，在实际电磁搅拌过程中，其物理现象远比此复杂得多[10]。

电磁场中的电磁力作用于熔体，使其产生水平旋转运动。熔体受电磁力运动，在磁场中可以用平均磁力密度值来表征搅拌电磁力的大小。

$$F = \frac{1}{2}\sigma B^2 \omega_s R \tag{4.3}$$

式中，σ 为电导率；B 为磁感应强度；ω_s 为速度转差率；R 为熔体半径。

由上式可知，随着转差率的增加，磁力密度也增加，因为转差率是随着频率的增大而增大的，频率增大也会增强合金熔体搅拌的电磁力。

但是当导体处在交变电磁场中时，会发生集肤效应。即导体内部的磁场分布不均匀，磁场集中在导体的"皮肤"部分，也就是说磁场会集中在导体外表的薄层，越靠近导体表面，磁场密度越大，导体内部实际上的磁场较小。结果使导体的电阻增加，它的损耗功率也增加。导体通有交变磁场时，有效截面的减少可以用穿透深度（δ）表示。穿透深度的含义是：由于集肤效应，交变磁场沿导体表面开始能达到的径向深度。其计算公式为：

$$\delta = (\pi\mu\sigma f)^{-1/2} \tag{4.4}$$

式中，μ 为熔体的磁导率；σ 是熔体电导率；f 为搅拌频率。

由上式可以看出，频率越高穿透深度越浅，集肤效应越明显。

4.2.3　电磁搅拌作用下液态金属的运动特点及规律

液相的流动对凝固过程会产生很大的影响，因为液态中的对流直接影响着凝固过程的传热和传质，进而也决定了凝固组织和成分分布。因此，金属在电磁搅拌作用下的凝固过程受到液体流动的影响，有必要研究电磁搅拌作用下液态金属的运动特点及规律。

（1）液态金属的流动特点

在旋转型电磁搅拌作用下，铸坯内液态金属周向速度由铸坯的中心开始逐渐增大，在凝固界面前沿液态金属的周向运动速度达到最大值。电磁搅拌作用

下液态金属的旋转运动之所以有这样的特点,主要是在电磁场作用下,铸坯内部液态金属受到的电磁力从中心开始逐渐增加,在凝固界面前沿电磁力达到最大值。电磁搅拌所引起的旋转运动对液态金属的凝固过程的影响主要体现在对凝固界面前沿的冲刷,正是这种冲刷作用,影响了液态金属凝固过程的传热、传质以及最终的凝固组织。电磁搅拌所引起的界面前沿的运动速度分布特点,是最为有利的状态,特别是它的速度在凝固界面前沿最大,为在不同尺寸的铸坯进行电磁搅拌参数的选择留有余地,也使电磁搅拌的控制工艺变得非常重要。

(2) 液态金属的流动规律

为了确定在电磁搅拌作用下液态金属旋转运动周向速度分布的数学模型,把液态金属看成不可压缩的黏性流体,并根据液态金属运动实际状态,做出如下假设:①在液态金属达到稳定而又没有出现结晶颗粒之前,速度的周向分量 V_θ 占主导地位,轴向和径向分量 V_r、V_z 与 V_θ 相比很小,视为零;②在一定温度范围内,在一定电磁搅拌强度下,V_θ 只是液态金属旋转半径 r 的函数。因此得到如下黏性流体力学的流体运动方程:

$$\rho F_\theta + \eta \left[\frac{\mathrm{d}^2 V_\theta}{\mathrm{d} r^2} + \frac{1}{r} \frac{\mathrm{d} V_\theta}{\mathrm{d} r} - \frac{V_\theta}{r^2} \right] = 0 \tag{4.5}$$

式中,V_θ 为液态金属的周向速度;r 为金属的旋转半径;ρ 为液态金属的密度;F_θ 为液态金属所受周向力;η 为液态金属的动力黏度。

以上所述的液态金属旋转运动,是在旋转电磁场作用下首先在液态金属中产生感应电流,进而产生电磁力的结果。液态金属在距离中心不同的位置上受到切线方向上的体积电磁力,再加上液态金属的黏性,从而使液态金属进行旋转运动,这就是电磁搅拌过程中的基本力学与流动原理。实际应用中计算旋转型电磁搅拌的电磁力,即液态金属所受电磁力的周向分力,是最有价值的[11]。

4.3 电磁搅拌对凝固组织及性能的影响

在金属凝固的同时施加一个旋转磁场,会在金属熔体内产生一个电磁力分量,其方向与磁场旋转的方向相同,因此,这个电磁力分量驱动熔体随着电磁场流动,即对合金铸坯液穴中金属液产生电磁搅拌。在电磁搅拌的作用下,合金熔体的剧烈的对流运动,势必会影响到凝固过程中溶液的传热、凝固前沿的溶质流动、气体与夹杂物、初生相等与铸锭组织相关的因素。电磁搅拌对合金凝固组织的影响可以分成两个部分,即分别对宏观组织和微观组织的影响。此外,电磁搅拌对成分匀化和力学性能等也有一定影响。

4.3.1　电磁搅拌对宏观组织的影响

电磁搅拌对合金的宏观组织具有强烈的细化作用,主要是柱状晶转化成等轴晶导致的。研究表明,电磁搅拌对合金的宏观组织的影响主要有以下两个方面。

（1）合金熔体的剧烈运动有利于夹杂物和气体的上浮,在除气的同时使夹杂物分布在铸锭的上端,从而提高了合金的纯度,高纯度的合金有利于提高合金性能的稳定性和可靠性。电磁搅拌是一种非直接接触熔体的搅拌方式,完全避免了直接搅拌给合金带来的污染[12]。

（2）电磁搅拌借助于电磁力强化结晶器内未凝固金属熔体的运动,改变凝固过程的流动、传热和传质,促进柱状晶向等轴晶转变,细化宏观组织。由于搅拌使柱状晶的生长得到控制,也就消除了柱状晶的搭桥现象,从而避免了铸坯心部的中心缩松。同时,电磁搅拌作用可明显改善铸坯内的中心偏析。电磁搅拌促进等轴晶形成的机制目前认为主要包括以下几方面:

①强制对流促进了过热熔体的热量耗散,凝固前沿熔体过冷度的提高有利于等轴晶核的形成。

②搅拌引起的紊流迫使柱状晶生长方式改变,促进了纤维状和蜂窝状凝固组织的形成。

③搅拌产生的剪切应力促进了凝固前沿枝晶臂的破碎与重熔,同时游离的枝晶臂被带入熔体内部加速了非均质形核。

大量的研究表明,电磁搅拌具有明显的细化晶粒作用,不论晶体的生长方式是柱状晶还是等轴晶,电磁搅拌都可使其细化,并且在铸件整个截面上晶粒细小、均匀[13]。

4.3.2　电磁搅拌对微观组织的影响

对于微观组织由树枝晶生长转化为等轴晶生长,其形成机制主要有熔断理论、机械碎断理论和再结晶理论等几种。熔断理论认为,电磁搅拌下金属熔体凝固时,虽然电磁搅拌产生的强烈对流使树枝晶一次枝晶臂或二次枝晶臂端部的溶质富集层变薄或者消失,但是其作用范围难以深入,导致二次枝晶臂根部的溶质富集,浓度很高,加剧了液相中溶质浓度的微观起伏,在适合的温度条件下就可能引发树枝晶二次枝晶臂的迅速熔断。机械碎断理论认为,强烈的对流冲刷给枝晶侧臂带来极大的剪切力,使侧臂由最细弱的根部(即缩颈处)断裂,并从主臂上脱离,最终成为二次晶核。再结晶理论认为,强烈对流冲刷所产生的剪切力可导致树枝晶侧臂从根部发生塑性弯曲,在弯曲部位形成晶界。如果横向晶界的两颗晶粒取向差超过 20°,则晶界能大于固液界面能的两倍,此时金属液体将浸润晶界并渗透进入,最终取代晶界并使侧臂从根部脱落。

上述三种机制共同导致了合金的初生枝晶向等轴晶、球形或椭球形的形态发展和长大。此外,剧烈的搅拌也会导致金属熔体中的热流梯度减小,而且固相颗粒的不断转动,也使得其各个方向的热流梯度趋于一致,这样也促使单个结晶颗粒以等轴晶方式长大。

电磁搅拌对微观组织的影响表现为以下几方面。

①改变初生相形貌和尺寸。在无搅拌条件下为树枝晶状的初生相在电磁搅拌条件下可转变成非枝晶状、蔷薇状或椭球状外轮廓,并且初生相粒子球化度及尺寸随固相分数、等温保持时间的延长而增大。电磁搅拌可使过共晶 Al-Si 合金中的初晶 Si 尺寸减小、形状圆滑。

②引起共晶组织的变化。电磁搅拌对共晶组织的影响主要是影响层片间距和产生共晶分离。电磁搅拌不仅会使小平面-非小平面合金,如 Al-Si 合金、Fe-C 共晶合金产生共晶分离,而且在双非小平面类型的 Pb-Sn 共晶合金中也发生共晶分离,并且共晶层片间距随流速的增大而明显增加。

③使枝晶臂间距发生变化。二次枝晶臂间距与机械性能之间有密切的关系,可用二次枝晶臂间距来预测合金的机械性能,因此流动对二次枝晶臂间距的影响备受关注。研究结果表明,二次枝晶臂间距随搅拌强度的增大而增大。电磁搅拌对晶粒的细化作用可使钢的抗拉强度得到提高,但对塑性的影响却是晶粒细化和二次臂间距增大两方面因素共同作用的结果,总的影响是使钢的塑性降低。当搅拌强度在一定的范围内时,由于相界面变得圆滑,降低应力集中程度可使钢的塑性提高。

4.3.3　对成分均匀化的影响及对界面形状的控制作用

使用电磁搅拌,在旋转电磁力的作用下,夹杂物由于离心力较小易于在中间聚集并上浮,从而减小熔体内夹杂物的数量。电磁搅拌在成分均匀化方面的影响与流动方式及冷却速度有关,如果采用缓慢速度冷却或等温搅拌,即使对于密度和导电性相差很悬殊的组元,也可以产生很明显的均匀化效果。这对于生产多组元合金、掺杂单晶体都具有重要意义。凝固前沿的形状会影响单晶体中夹杂物及杂质分布的均匀性,以及宏观微观缺陷出现的概率。通过电磁搅拌方法不仅可以控制凝固前沿形状,而且还能减少熔体中径向、轴向的温度梯度[14]。

（1）电磁搅拌对力学性能的影响

电磁搅拌由于具有细化晶粒的作用，可使铸锭抗拉强度得到提高。但对塑性的影响却是晶粒细化和二次臂间距增大两方面因素共同作用的结果。当电磁搅拌强度在一定的范围内时，由于相界面变得圆滑，降低应力集中程度可使塑性提高[15]。

（2）电磁搅拌对熔池温度的影响

由旋转磁场所产生的电磁搅拌能使熔池产生强烈的混合对流，从而加速熔池内物质的对流，使熔池温度场和熔质分布均匀。电磁搅拌使得熔池内液相中各处形核概率相等，在各处形成的晶核更加趋向于同时性，因此形核率大大增加。同时通过磁场对金属熔体的搅拌作用，加快了散热，使整个熔池熔体的过冷度加大。在熔池的上方，熔体与空气接触，散热速度加快，形核率加大，电磁搅拌引起的强烈对流，加速了液面下新形成的晶粒向熔体中的转移。当液相温度低于合金液相线温度时，液相中所析出的枝晶组织可在液流带动下进行不断的运动及自身的转动，再加上均匀的温度场及化学成分，使得这些枝晶组织很难连成一片，故可抑制晶粒长大。与此同时，当熔池的中底部开始析出晶粒时，由于电磁搅拌使熔池中底部过冷度增大，使熔覆层凝固时的临界晶粒半径减小，这样就细化了晶粒，改善了熔覆层偏析。

（3）电磁搅拌对金属熔体内部热量传输的影响

电磁搅拌对金属熔体内部热量传输的影响主要表现在以下三个方面：①旋转磁场对熔体具有搅拌作用，这可以加快散热，提高熔体冷却速度；②搅拌作用会促进熔体内部产生对流，对固液界面的传热过程产生直接的影响，对流的加剧使热量传输速度提高，因而能降低熔体内的温度梯度，提高凝固界面前沿的温度，使得熔体内部温度分布更加均匀；③外加旋转磁场会导致熔体内形成涡流，对熔体起到加热作用。

研究者在研究旋转磁场对 Sn-Sb 包晶合金凝固冷却曲线的影响时发现，施加旋转磁场后，熔体冷却曲线斜率随励磁电流的增加先增大后减小，而包晶平台的长度（表示包晶反应时间）却呈相反的趋势。分析表明，涡流较小时，旋转磁场对熔体的搅拌作用占主导地位，此时，熔体冷却速度加快，包晶反应时间缩短。随着励磁电流的提高，涡流增大，旋转磁场对熔体加热作用增强，超过了其对熔体的搅拌散热作用，所以冷却速度相对减缓，包晶反应时间增长[16]。

4.3.4　电磁搅拌晶粒细化分析及电磁搅拌对非平衡共晶相的影响

（1）电磁搅拌下的晶粒细化分析

在铸锭中，晶粒尺寸受到多个参数的影响，其中影响最大的为形核率与晶粒生长速度。晶粒尺寸 D_{gr} 与凝固中关键的动力学参数的关系可以写成：

$$D_{gr} = A \Delta T_0^{0.25} V_S^{0.25} G^{0.5} \tag{4.6}$$

式中，ΔT_0 为合金的凝固范围；V_S 为固液前沿界面移动速度（凝固速度）；G 为界面温度梯度；A 为与合金有关的参数，具体与界面表面能、溶质扩散、溶质分配系数和熔化潜热等相关。对于成分相同的合金，对晶粒尺寸影响最大的因素为温度梯度。在凝固过程中，二次枝晶臂间距 d 符合公式(4.7)表达的规律：

$$d = CV_C^n \tag{4.7}$$

式中，n 为粗化指数，一般介于 $0.2 \sim 0.4$；V_C 为冷却速度。这里冷却速度 V_C 对二次枝晶臂间距 d 的影响最大。对于晶粒尺寸，和二次枝晶臂间距相似，受到冷却速度的影响。值得注意的是，冷却速度 V_C 和固液界面前沿移动速度，即凝固速度 V_S 一般成比例关系。

在任何金属的凝固过程中，研究者们都普遍认为非均质形核比均质形核更容易发生。氧化物、金属间化合物和添加剂等颗粒物能否成为形核质点，取决于颗粒物尺寸和过冷度大小。与此相关的自由生长模型如下：

$$\Delta T = \frac{4\sigma_{sl}}{\Delta S_V d} \tag{4.8}$$

式中，ΔT 为过冷度；σ_{sl} 为固液相间界面能；ΔS_V 为熔化体积熵；d 为二次枝晶臂间距。此式说明，尺寸更大的颗粒物更容易成为形核质点。同时，在更大的初始过冷度下，体积更小的颗粒物也更容易成为形核质点。

以空心铸锭半连铸为例，在空心铸锭半连铸过程中，外壁与内壁二冷区都有冷却水，因为在壁面附近的铸锭内部冷却速度最大，在中间位置的冷却速度相对更小。由于一冷区模具不同，热导率存在差异，并且内外壁二冷区冷却水流量大小也不同，因而铸锭内壁和外壁的冷却速度并不相等。由内壁和外壁向铸锭中间位置过渡，冷却速度也随之减小，最后在铸锭内液穴底部的位置冷却速度最低。

因此在普通半连铸工艺下制备的空心铸锭，内壁和外壁附近位置的微观组织晶粒更加细小，而中间位置的组织更加粗大，和边部位置的等轴晶更多的组织相比，中间位置也出现了大量的蔷薇晶状、粗大的胞状晶组织。在施加电磁搅拌外场处理后，在铸锭内部凝固前沿位置的液相中产生了强制对流，液相在铸锭内部沿圆周方向顺时针流动。这种在铸锭中熔体内由洛伦兹力产生的强制对流对铸锭凝固前沿的温度场、成分场产生了很大影响，很大程度上改变了熔体中的传热行为。在电磁搅拌处理下铸锭液穴中间与边部的熔体产生交换,导致冷却速度提高。冷却速度提升后,熔体内部的热传导效率提高,使得晶粒的凝固时间大大缩短。与此同时,电磁搅拌处理带来的强制对流使一冷区附近的熔体产生的晶核很快脱落,成长为枝晶趋势的枝晶臂会破碎,而这些在铸锭冷却强度更大的区域内产生的晶核和枝晶臂会在液相的流动之下产生运动,成为新的形核质点,增加了铸锭内部的非均质形核率。由于冷却速度的提升,提供了更大的过冷度,更多的形核质点最终形成的晶粒更加细小、均匀,而熔体流动导致中间位置的热传导效率更高,加上流场作用下分散更均匀的形核质点会使中间位置的微观组织中的晶粒尺寸更小,形貌也更倾向于等轴晶组织,而非粗胞晶组织。因此,整体的微观组织也更加细小、均匀。

(2)电磁搅拌对非平衡共晶相的影响

在非平衡凝固条件下,随着凝固的不断进行,溶质元素不断由固液相界面排出,最后剩余溶质富集程度最高的液相在晶粒之间或枝晶臂间,凝固形成非平衡共晶相。在普通半连铸和电磁搅拌半连铸方法制备的空心铸锭中,其外壁、中间部分和内壁位置的微观组织中,均存在晶粒间的非平衡共晶相以及在晶粒内部少量的第二相颗粒。经过比较可以发现,经过电磁搅拌处理后,空心铸锭内壁、中间部分和外壁位置的共晶相尺寸明显减小,晶粒之间的非平衡共晶相更薄、边界更窄,相对普通半连铸的铸锭微观组织而言,非平衡共晶相的聚集程度也更低。在电磁搅拌处理后,溶质富集的液相在凝固的最后阶段量更少,溶质浓度更低,而未经电磁搅拌处理的普通半连铸内凝固的最后阶段溶质富集的液相量更多,浓度更高,在晶粒之间相互连通,可以自由流动,因此在普通半连铸中大多形成了更加连续、厚度更大和尺寸够大的非平衡共晶相[17]。

4.3.5　电磁搅拌对合金硬度及强度的影响

研究表明,在经过电磁搅拌处理后,合金的性能会受到电磁搅拌的影响,其硬度和强度都有明显提高。

金属材料的强度与组织结构中的晶粒大小和硬质相种类、大小及分布密切相关。细化晶粒可以提高金属的强度,原因在于晶界对位错滑移的阻滞效应,位错在多晶体中运动时,由于晶界两侧晶粒的取向不同,加之晶界附近杂质原子较多,增大了晶界附近的滑移阻力,试验证明在许多金属中屈服强度和晶粒大小的关系满足霍尔-佩奇(Hall-Petch)关系式:

$$\delta_y = \delta_i + k_y d^{-1/2} \tag{4.9}$$

式中,δ_i 和 k_y 是两个和材料有关的常数;d 为晶粒直径。

当晶粒尺寸减小时,晶体的比表面积增加,表面张力和与周围晶粒的相互作用力增加,引起晶粒表面层晶格的歪扭。由于表面力的影响,接近晶粒界面处产生了阻碍晶体变形的难变形区。对多晶体来说,晶粒越细则相应的难变形区越大,要使其产生滑移,需加较大的力,即表现为变形抗力增加。变形抗力增加意味着材料强度提高。一方面,电磁搅拌工艺可以细化晶粒,但搅拌电流大于某一临界值以后,产生的大量热量难以散失,温度梯度变小,晶粒又重新长大;另一方面,电磁搅拌工艺还会改变合金中硬脆相的析出大小和形态。这两方面都是合金拉伸强度及硬度的重要影响因素[18]。

4.3.6　电磁搅拌对中心疏松和偏析的影响

（1）电磁搅拌对缩松和缩孔的影响机理

前面在介绍电磁搅拌对宏观组织的影响时,已经提到电磁搅拌对中心疏松有影响,但是缺少细致的讨论,所以接下来就此展开讨论。

液相和凝固过程的体积收缩如果得不到液体的补充,那么将在铸件中形成孔洞。集中的孔洞称为缩孔,分散的称为缩松。在凝固末期,相互连接的枝晶如果形成一些被隔离的区域,大气压力加上液体静压力都不足以克服枝晶间流动阻力,最后凝固收缩形成的空间得不到补充,形成细小的收缩孔。铸坯中心缩孔和疏松程度是反映铸坯内在质量的重要指标。电磁搅拌可提高铸坯等轴晶区,细化凝固组织,从而改善铸坯中心缩孔、疏松的程度。以方坯连铸为例,连铸末端电磁搅拌常被用来控制和改善中心缩孔和缩松,使缩孔级别降低并细小弥散,而且转化成疏松。

随着凝固过程的进行,温度降低、液相体积分数减少,液体金属凝固补缩的路径也变窄小,原来连成片状的补缩通道将缩小成类似孔隙通道。研究表明,电磁力可减轻缩松、缩孔形成的机制主要为:电磁力的驱动使对流将液穴中心过热的熔体带向边缘区域,减小温度梯度与液穴深度。电磁场引起的液体流动增强了熔体的传热和传质过程,使合金熔体心部温度分布均匀,在短时间内能够达到特征固相分数,且在凝固后期凝固速度增大,心部熔体的热力学条件基本相同,避免了熔体由于凝固次序的先后引起补缩,因而消除了中心疏松和缩孔。

（2）电磁搅拌对偏析的影响

合金熔体在凝固过程中必然产生选分结晶和溶质再分配,连铸坯的凝固过程为非平衡凝固,铸坯化学成分也是不均匀的。成分不均匀的现象称为偏析,它影响合金的组织结构与性能。

　　偏析分为两大类:微观偏析和宏观偏析。微观偏析是指微小范围内的化学成分不均匀现象,一般在一个晶粒尺寸范围左右,又分为晶内偏析(枝晶偏析)和晶界偏析,都是非平衡结晶时熔质再分配的结果。宏观偏析也称为区域偏析,铸坯中宏观偏析产生的原因是凝固过程中选分结晶的作用使树枝晶间的液体富集熔质元素,凝固时富集熔质液体的流动导致区域熔质元素分布的不均匀性。

　　在钢锭和连铸坯中,中心偏析的形成机理为:钢液的选分结晶特性导致晶间液相区熔质元素的富集;铸件凝固收缩又使得富集熔质元素的钢液不断向铸坯中心附近补充并凝固,从而形成熔质含量中心高、周围低的分布状态。中心碳偏析是连铸坯的主要缺陷之一,给连铸特殊钢、高碳钢带来很多困难,限制了一些高碳钢种的开发。而电磁搅拌被认为是连铸这类钢的标准操作,已证明电磁搅拌对减轻高碳钢偏析有积极作用[19]。

　　研究表明,在施加电磁搅拌处理后,在金属熔体内会产生强制对流,液相的充分流动会增加铸锭内部的散热,使整体温度场更加均衡,增加铸锭内部的冷却速度。施加电磁搅拌后铸锭内部凝固前沿形核质点增加,在更大的过冷度下形核率增加。在形核数量和凝固速度同时增加的情况下,晶粒直接相互接触的时间更短,晶粒的凝固时间缩短,因此整体的微观偏析得到改善。但是值得注意的是,施加电磁搅拌会加强熔体内部的流动,在强制对流下凝固的固液界面前沿存在的扩散层受到整体流场的影响会变小,导致凝固前沿固液界面两侧溶质浓度差增加,对微观偏析的改善不利。在两种因素作用的对比下,由于电磁搅拌大大增加了铸锭内部的冷却速度,而强制流动对扩散层的影响有限,因此在施加电磁搅拌处理后微观偏析程度依然有所改善。

　　在铸锭的凝固过程中会产生晶粒雨。这些细小的晶粒往往形成于凝固的初期,其内部的元素由于溶质再分配呈现出溶质贫化的趋势。这些晶粒一般都是来自凝固时形核过程的小晶核,或是在熔体流动下熔断破碎的枝晶臂。但在经过晶粒细化处理的铸锭中,由于添加孕育剂,树枝晶的形成大大减少,因此在空心铸锭中更多是来自形核过程中晶核组成的凝固前沿的晶粒雨。这些细小晶粒最终可能会聚集在液穴底部,即中间偏向内壁附近的区域,形成负偏析。在施加电磁搅拌的铸锭中,这些引起负偏析的细小晶粒在洛伦兹力的作用下更容易聚集在铸锭内侧区域,因为铸锭外侧区域内受到的洛伦兹力更大,熔体流速更快,在内侧的熔体流速相对更慢,最终就会导致溶质宏观偏析程度的增大。在一定程度上而言,负偏析的产生一般是由于在铸锭边缘位置冷却速度更高的区域产生的细小晶粒最终聚集,而正偏析产生于这些细小晶粒雨初生的位置以及溶质富集的液相的相对流动[20]。

4.4 电磁搅拌在其他几个领域的应用

4.4.1 电磁搅拌金属在轻质合金系中的研究与应用

（1）Al-Si 合金

电磁搅拌下亚共晶 Al-Si 合金 A357 的凝固组织研究表明,电磁搅拌下合金的凝固组织明显细化。另有研究表明,电磁搅拌下的 Al-2.5%Si、Al-5.6%Si、Al-8.5%Si 的柱状晶向等轴晶的转化率随着金属液体流动速度的增大和 Si 元素含量的增多而不断提高。柱状晶等轴转化率提高的机理主要是凝固前端的枝晶被电磁搅拌所产生的液体流动所打碎、折断。在磁感应强度大于 0.065 T 的搅拌作用下,ZL101 铝合金能够得到非树枝晶组织;随着搅拌作用增强,晶粒开始球化。此外,在电磁搅拌作用下研究 Al-7%Si 合金时发现,合金宏观组织细化的根本原因是电磁搅拌迫使液体流动,增加了液相中结晶形核的同时性,使晶核更加均匀地分散在液相中。对共晶成分 Al-12.5%Si 合金的研究发现,宏观组织细化的原因与 Al-7%Si 合金基本相同。对过共晶 Al-Si 合金进行研究发现,过共晶 Al-Si 合金凝固组织特点主要为初生 Si 的聚集与偏聚。另外,研究表明,在电磁搅拌作用下,在 Al-24%Si 过共晶合金组织中,初生 Si 经过搅拌后得到明显细化,分布变得均匀,绝大部分初生 Si 呈球团状或块状,并且搅拌强度增强,初生 Si 变得越细小和球化。

（2）Al-Mg 合金

电磁搅拌作用下,Al-3%Mg-Si 合金凝固组织被明显细化,同时截面上的等轴晶区宽度也明显增加,并且疏松减少。此外,采用电磁铸造技术获得的变形铝合金的微观组织明显细化,并且具有优良的力学性能。电磁搅拌不但能细化合金凝固组织,而且合金的硬度、疲劳性能、耐磨性能也得到了显著的提高。

（3）Al-Cu 合金

将电磁搅拌施加在 Al-0.5%Cu 和 Al-2%Cu 的凝固过程中,结果表明 Al-Cu 合金晶粒明显被细化了,并且电磁搅拌增加铸锭截面上的等轴晶区宽度,减轻了疏松,抑制了铝合金铸锭中铜的逆偏析。另外,对 2024 铝合金进行研究,并对比在电磁搅拌与直接激冷铸造条件下铝合金的微观组织与机械性能,结果发现电磁搅拌铸锭有细小的均匀的晶粒结构,这使得它与直接激冷的铸锭相比具有更高的硬度和更好的抗疲劳性与耐磨性。

（4）Al-Zn 合金

对 7150 铝合金进行电磁搅拌的研究表明,电磁搅拌增加了金属液体的流动,促进了等轴晶粒的形成,提高了等轴晶率,但也造成了铝合金元素的严重宏观偏析。其中宏观偏析最严重的是 Cu 元素,最小的是 Zn 元素。造成这种情况的原因是糊状区富集溶质的区域由于电磁搅拌迫使金属熔体流动到凝固前端所产生的偏移。

（5）半固态铝合金

对电磁搅拌与 Sr 元素相结合对 A356 半固态铝合金的影响进行了研究,发现枝晶初生 Al 相转变成球状的最优电流大小为 15 A 以上。当添加 50 mg/L 以上的 Sr 时,随着 Sr 含量增加,共晶 Si 和初生 Al 的生长得到明显改善。当添加相同含量的 Sr 时,施加电磁搅拌的共晶 Si 组织比无电磁搅拌的共晶 Si 组织明显细小。此外,对半固态 AlSi$_7$Mg 合金的初生非枝晶 α-Al 形成机制进行了研究,发现在液相线温度 10℃ 以下开始电磁搅拌时,二次枝晶臂很难重熔,枝晶臂较难被细化。而当在液相线温度在 5℃ 以上开始电磁搅拌时,二次枝晶臂很容易重熔,且初晶被细化。在电磁搅拌时熔体温度梯度非常小,这是初生 α-Al 相形核和长大的动力学原因。

研究交流电磁场作用下的 ZL201 铝合金半固态流变浆料组织发现,在液相线温度 650℃ 附近施加电磁搅拌时,电磁搅拌作用下的流变浆料组织为细小的接近球形的晶粒,明显优于不加电磁搅拌的浆料组织,适用于半固态成型。交流电磁场所引起的强制对流,使处于强烈温度起伏条件下的初生枝晶二次枝晶臂机械断裂或根部熔断,这是合金的结晶核心增加和组织细化的主要原因。

（6）镁合金

对电磁场下 AZ91D 镁合金组织进行研究,分析测试 AZ91D 镁合金挤压变形后的组织及性能。结果发现电磁搅拌使 AZ91D 镁合金树枝晶组织发生球化和细化,β-Mg$_{17}$Al$_{12}$ 相数量明显增加,并使 Zn 元素在 β-Mg$_{17}$Al$_{12}$ 相中的偏聚倾向降低,另外,挤压成型后的合金极限抗拉强度、延伸率都大大提高。有研究者分析了镁合金电磁铸造过程中电磁搅拌对熔体流动和温度分布的影响,发现当搅拌频率为 10 Hz 时熔体内的温度场分布比较合理。此外,通过研究电磁搅拌连续冷却条件下半固态 AZ91D 镁合金发现,当电磁搅拌的频率达到或大于 50 Hz 时,半固态 AZ91D 镁合金组织中的球状初生固相越来越多,并越来越球化;在电磁搅拌频率为 200 Hz 和较低冷却速度条件下,AZ91D 镁合金熔体的激烈流动导致了较为均匀的温度场和溶质场、更加剧烈的温度起伏,促进了半固态

AZ91D 镁合金球状晶粒的形成,另外,半固态重熔可以使半固态 AZ91D 镁合金初生相的形态发生进一步的球化。同时发现,延长电磁搅拌时间也有利于非枝晶组织的形成。进一步研究不同电磁搅拌工艺下 AZ91D 镁合金初生相 α-Mg 的形成过程,结果发现在不同的搅拌工艺下初生相的形成过程及机理是不同的。当金属液冷却到固液两相区温度后开始搅拌,由于此时已经形成大量的树枝晶,影响初生相形貌的主要原因是搅拌的冲击作用使初生枝晶发生弯曲变形和断裂;当金属液温度高于液相线时开始电磁搅拌,主要机制是强制对流使合金熔体内各处温度均匀,形核可在整个熔体内同时进行,且搅拌使正在生长的初生相枝晶臂大量熔断[21]。

4.4.2　电磁搅拌在半固态加工中的应用

半固态加工是电磁搅拌技术应用的一个重要领域,此处以铝合金的半固态加工为例,具体讨论电磁搅拌对半固态加工的影响。

半固态加工技术是通过对液态金属的成型与凝固过程参数进行控制,改善合金铸锭的凝固组织的合金制备方法。由于具有铸件的尺寸精度高,半固态技术有利于缩短产品的加工周期(凡具有固液两相区间的合金皆可),可应用的材料范围广;成型过程中温度较低,因而减轻了对成型装置的热冲击,使其寿命得到大幅度的延长;流动应力小,因此成型的速度快,且可以形成复杂的零件。电磁搅拌是半固态金属加工中常用的技术手段,即在金属凝固过程中施加旋转电磁场,金属熔体中的微粒在变化的电磁场中会受到洛伦兹力的作用,此时会显著地影响熔体的流动形态,其中改变电磁场输入参数之一的电流会改变产生电磁场的强弱,即改变铝合金熔体在磁场中所受到的洛伦兹力的大小,铝合金熔体受到的电磁力大小发生改变,会使得处于电磁搅拌中半固态 A356 铝合金熔体的状态发生改变。流速为流动状态的参照因素之一,熔体流速的突变会使得内部的流场发生相应的突变情况,同时熔体流速的突然加快强化了流体间的传热作用,使得半固态铝合金与周边空气的热交换速度加快,进而对熔体内部温度场产生影响。但是,在电磁场作用下的半固态铝合金熔体处在固液相共存状态,因此呈现出一定的黏性以及流变性。这样的状态下,合金浆料运动状态的流动行为和凝固情况无法被直接观察及测量,但可以通过数值模拟技术进行探索和求解,故尚需深入研究以获得适合制备浆料的方法。

在电磁场的作用下,电磁参数(如频率、电流等)会对磁场强度、电磁力产生影响,从而影响到铝合金熔体在电磁场中的流动状态,继而影响电磁搅拌的效果,最终影响到半固态铝合金浆料的质量。在以往的电磁搅拌实践中,研究人员探究过双向弱电磁搅拌,通过电磁搅拌过程中改变金属熔体流动的方向,发现双向弱电磁搅拌(正反各搅拌 10 s)能增加熔体内的相对运动趋势,在正向搅拌10 s后,继续反向搅拌 10 s,能在第一次 10 s 枝晶破碎阶段的基础上进行反向10 s 的二次破碎。结果显示,相较于单向连续的一次阶段的破碎,晶体的细化效果更佳。研究人员还尝试过分级电磁搅拌,利用连续搅拌过程中电磁频率的突然改变使半固态合金熔体中电磁场强度、电磁力发生变化,达到有利于改善熔体质量的效果。研究人员还发现,在电磁搅拌参数中,电流强度和电磁频率都可明显地影响合金熔体中所受到的电磁力,其中电流强度对调控电磁力大小的作用要强于电磁频率。

研究者在研究搅拌电流突变对铝合金熔体内电磁场、温度场和电流场的影响时发现:当电流突变时,不论搅拌过程中电流值发生多大的突变,位于不锈钢坩埚底的铝合金熔体的流速都很小,即电磁搅拌对位于底部的熔体无法产生有效的枝晶破碎效果;电磁搅拌过程中,半固态 A356 铝合金熔体在瞬态磁场中的集肤效应较为明显,同时熔体中靠近中间的部分电磁搅拌效果较弱,即电磁搅拌所需要带来的枝晶破碎效应主要集中于熔体的边缘处,中间处的破碎效果相对而言不明显;随着搅拌电流突变幅值的增大,半固态 A356 铝合金熔体受到的电磁力增加,内部的流动速度加快,有利于温度场分布的均匀化,而温度的均匀分布促进了熔体中枝晶的匀速生长,铝合金熔体的凝固组织得到了改善;同一电磁搅拌频率下,随着搅拌电流突变幅值的增大,电磁力不断增大,熔体流动速度也随之上升;在同一电流突变幅值下,随着搅拌频率的增大,电磁力先增大后减小[22]。

4.5　电磁搅拌技术中的参数控制

实验研究表明,在连续电磁搅拌条件下,合适的电磁搅拌参数可以细化晶粒,使合金晶粒具有较好的微观组织形貌和尺寸,但是搅拌频率和搅拌时间过小或者过大都会使晶粒变得不均匀。而分级搅拌可以在搅拌过程中根据不同时间段来调整频率,使得晶粒形貌和尺寸进一步优化。电磁搅拌细化晶粒主要是通过破碎枝晶、均匀温度场等方式来提高形核率,传统的连续电磁搅拌在破碎枝晶方面,只是笼统地说明了电磁力对枝晶生长有抑制作用,从而达到细化效果,但是在整个凝固过程中,电磁搅拌并不是一直在破碎枝晶,还伴随着其他作用,例如均匀温度场和溶质场、升高熔体温度等,且这些作用在不同时间段可能存在着主次之分。因此,还需要对电磁搅拌频率应该是先高后低好还是先低后高好,以及电磁搅拌频率高低变化时各阶段时间应该如何控制等问题进行更深入的探究。

4.5.1 电磁搅拌中频率的控制

当金属熔液浇入铸型后,由于激冷效应,首先会在型壁上面优先形核,然后这些晶粒沿着热流的相反方向以枝晶的方式向熔体内部生长。此时施加电磁场,熔体受到电磁力的作用,电磁力使得熔体产生强制对流,初生固相颗粒裹在熔体中并随之流动。当液相在流动过程中,产生于固液界面上的切应力超过枝晶的剪切强度,或者流体作用于枝晶的弯曲应力超过其抗弯强度时,可以使枝晶发生断裂。另外,当型壁上的晶粒以枝晶的方式朝内生长时,要排出溶质,而液相的强制流动难以将紧靠型壁或枝晶根部的这些角落处的溶质原子冲刷出来。因此,这些位置的溶质均匀化条件最差,容易造成溶质富集而导致枝晶臂产生缩颈,在液流的冲刷下极易熔断。这些被打碎和熔断的枝晶臂碎片被对流带到熔体的心部成了等轴晶的异质形核核心,同时也破坏了熔体中原子团的有序排列,抑制了原子的团聚,从而使熔体形成更多的形核质心。根据旋转电磁场下电磁力的计算公式,可以进一步推出对熔体施加旋转电磁搅拌时凝固前沿处的电磁力为

$$F = \frac{1}{p}\pi f B_0^2 r \tag{4.10}$$

式中,p 为磁极对数;f 为搅拌器的供电频率;B_0 为熔体凝固前沿处的磁感应强度;r 为凝固前沿处的液芯半径。

不难发现,在同一电磁搅拌频率下,电磁力 F 随着半径 r 的增大而增大,再根据式(4.4)可以发现穿透深度和电磁场频率成反比。当电磁场频率较高时,电磁场的穿透深度较小,电磁力主要集中在熔体表面,合金熔体中电磁力由外向内依次减小,这也导致流速在铝合金熔体边缘达到最大值,即从边缘到中心依次减小,在铝合金熔体中形成搅拌漩涡。所以,在熔体刚浇入铸型后的短时间内施加高频率的电磁场可以很好地破碎和重熔正在从型壁朝熔体内部生长的枝晶,从而异质核心增多,这些游离晶随着熔体一同流动,并在低温下各自长成新的游离晶,增加了晶粒的数目,增大形核率。而当频率较低时,穿透深度较大,电磁力主要集中在熔体内部,熔体表面的电磁力大小不足以将树枝晶破碎,达到不到明显的细化效果。所以在搅拌初期,搅拌的频率相对较高。

随着凝固的进行,枝晶基本被破碎和熔断,枝晶碎片被卷入熔体内部,固相

逐渐增多,此时如果仍旧施加高频率的电磁搅拌,熔体边部并无过多枝晶可以用来破碎和熔断,而过剩的电磁力引起的局部高温可能会熔化之前破碎的枝晶碎片,降低异质形核核心数量,并且局部的高温会使得过冷度减小,对形核不利;如果此时适当降低电磁搅拌频率,穿透深度增大,电磁力主要集中在熔体内部,但是涡流会随着频率的减小而减小,导致搅拌力下降,而且随着凝固过程的进行和前期的电磁搅拌作用,金属熔体的温度逐渐降低,释放的结晶潜热减少,熔体黏度增加,流动速度减小,搅拌作用同样减弱,影响区域变小,并不会引起局部高温,而是只会起到均匀温度场的作用,使得各处温度基本上是均匀的,初生晶可在整个熔体内同时非均质形核。所以在搅拌的中后期,搅拌频率要相对降低。

4.5.2　电磁搅拌过程中时间的控制

研究发现电磁搅拌初期阶段的频率相对较高,而中后期频率相对较低,以下就高频率和低频率的时间分别控制为多久的问题进行讨论。

从传热和传质方面分析,熔体在旋转磁场中流动时,伴随产生热效应,粒子在旋转磁场中的功率损耗(P)可以表示为:

$$P = \pi \mu_0 x_0 H_0 f \frac{2\pi f t}{1 + (2\pi f t)} \tag{4.11}$$

式中,μ_0为真空磁导率;x_0为平衡磁化率;H_0为磁场强度;f为旋转磁场的频率;t为弛豫时间。

可见,随着频率f的增大,P也增大,若f过大,则将在熔体局部产生高温,从而导致熔体温度升高,使凝固体系的整体冷速降低,过冷度减小,这对形核不利。但是同时,搅拌作用使金属熔体产生水平旋转运动,有利于内外部高低温熔体的混合和熔体热量的释放,加速了熔体的散热。尤其是在凝固开始时,熔体会释放出大量的结晶潜热,此时施加电磁搅拌的散热效果更明显,该过程降低了熔体内外部温度梯度,使温度场更均匀,延缓了坩埚壁附近熔体的冷却,同时加速了熔体内部和整体的温度降低,更有利于等轴晶的形成。所以在此阶段,电磁搅拌对熔体存在双重作用,但是存在主次之分。根据实验结果可以发现,边部的晶粒比连续在 30 Hz 下搅拌 15 s 的试样晶粒更细小,组织形貌更加均匀,这就说明前 5 s 的高频率搅拌对熔体主要起破碎枝晶和均匀温度场的作用,而使温度升高的作用在此阶段是次要的。所以,在搅拌初期时的高频率时间应该控制在 5 s。

综上所述,电磁搅拌中后期的频率需降低,但并不是频率降得越低越好,因为晶体在形核后的生长过程中会排出溶质,如果频率降得过低,则不足以引起一定强度的液体流动来将排出的溶质带走。若频率大小适合,则会将这部分排出的溶质带走,使得熔体在凝固过程中的固液界面存在速度差,由于溶质二次分配建立的浓度边界层极薄,引起的成分过冷度较小,从而使优势生长方向的生长速度受到限制,导致非优势生长晶向与优势生长晶向的生长速度差变小,使晶粒按等轴方式生长成球状或椭球状晶体,有利于等轴晶的形成。而且在搅拌初期,破碎和熔断的枝晶碎片在进入熔体内部的过程中是以自旋运动的方式长大的,晶粒在液流中漂移时,要不断通过不同的温度区域和浓度区域,受到温度和成分波动的冲击,其表面处于反复局部熔化和生长的状态中。晶粒的突出生长部位由于曲率较大,具有较高的能量,如果此时施加磁场频率过高,则一些较小的形核质心被熔化,降低形核率;频率过低,则不能将晶粒凸出生长部位熔化,而且不足以将晶粒生长过程中排出的溶质带走,对等轴晶的形成不利;若频率适中,则可以使得晶粒处于一个均匀的温度场和溶质场中,凸出的生长部位被熔化,凹陷的部位由于浓度梯度而择优生长直至圆整。由此可见,中后期的电磁搅拌频率既不能过高,又不能降低过多,应保持一定的流体运动速度。故电磁搅拌中后期应当将搅拌频率稍微降低,时间控制在 10 s。

通过分析电磁搅拌过程中各阶段熔体的传热、传质特征,发现分级电磁搅拌较传统的电磁搅拌具有一定优势,针对不同阶段的熔体特征,能够灵活地控制搅拌频率和搅拌时间,从而达到最佳搅拌效果[23]。

4.6 电磁搅拌下的两个冶金新技术

经过几十年的发展,电磁搅拌技术的运用已经非常广泛,其中,连铸坯电磁搅拌、圆坯电磁搅拌、板坯电磁搅拌等技术已经发展相对成熟。关于它们的研究众多,结论也颇为丰富,在此介绍两种较新的电磁搅拌技术。

4.6.1 中间包电磁净化钢液技术

钢液在精炼工序经过吹气和真空精炼等手段去除夹杂物后,残留的往往是尺寸较小的夹杂物,常规吹气精炼方法已较难去除,必须另辟蹊径。同时,中间包是最终盛放钢液的容器,为钢液的净化提供了最后的机会,因此中间包冶金近年来受到重视。以往,在中间包钢液里的夹杂物主要通过斯托克斯上浮去除,效率较低,尤其 10 μm 以下的非金属夹杂物,利用斯托克斯上浮、吹气搅拌、渣洗等手段,都不易去除。利用电磁力则可将夹杂物分离出来而去除,为净化钢液提供了新的手段。

中间包电磁净化钢液技术最初的出发点是在中间包中施加旋转电磁搅拌,利用钢液旋转产生的离心力使夹杂物向中心聚集,进而上浮分离去除。实际上,在连铸过程中,来自大包长水口的冲击流动将破坏中间包内夹杂物的聚集和上浮,因而使得电磁力去除夹杂物的作用严重被削弱。为有效发挥电磁力的作用,研究者在中间包到大包长水口浇注腔中施加一个旋转磁场,驱动钢液产生复杂的流动,从而大大增加夹杂物相互接触机会,促进其聚合长大,之后钢液从挡墙底部进入分配室,由于钢液带有较强动能,在分配室内形成大的环流,消除了死区,增加了钢液的停留时间,使得长大后的夹杂物有较充分的时间上浮形成顶渣而分离,净化后钢液则进入连铸结晶器浇注,从而实现钢液的净化。

研究者在1/2原型尺寸的模型中进行水模拟实验。实验结果显示,未施加旋转时,钢液经大包长水口直接冲入包底,一部分直接进入挡墙底部水口,短路进入分配室,另一部分则在冲击反作用力下上升后沿包壁下降再进入分配室。而施加旋转后,浇铸腔中的钢液呈旋转状态,大包长水口钢液向下冲击能力大幅降低,钢液是逐步旋转向下进入挡墙底部出口,再进入分配室。很显然,这一流场形态的改变,可以显著增加钢液混流强度,增加钢液中夹杂物相互碰撞长大的概率。进入分配室的液流,在无旋转搅拌时,其遇到挡坝后向上越过挡坝,再斜向下进入中间包水口,同时在挡坝后方形成明显的死区;而施加旋转的钢液,遇到挡坝后钢流向上,然后在分配室中形成大的水平缓慢环流,再逐步下降进入中间包水口。挡坝后方钢液由于受这种水平环流影响也出现流动,从而消除死区。中间包中的这种流场形态将显著增加钢液在中间包中的平均停留时间,有利于夹杂物的上浮。如在18 t的中间包中,未施加旋转时,钢液的平均停留时间约为405 s,而施加旋转后,钢液在中间包中的平均停留时间达到490 s,增加将近21%。钢液平均停留时间的增加,对钢中非金属夹杂物的去除非常有利。

中间包在连铸中具有重要作用,现今中间包冶金的手段研究较少,利用电磁场的加热、搅拌和去除夹杂物的作用,同时结合吹气等手段可大大提升中间包在改善连铸质量方面的能力,值得进一步研究[24]。

4.6.2　软接触电磁连铸技术

软接触结晶器电磁连铸技术是一项具有重大应用价值的技术,该技术利用交变电磁场在结晶器内铸坯的初始凝固区施加电磁压力来减少液态金属与结晶器壁的接触压力,以减轻振痕,提高铸坯的表面质量,从而满足无缺陷铸坯生产的需要。该技术最早是由 Getselev(格塞列夫)提出的无模电磁铸造技术,并应用于铝合金连铸中。在此基础上,有研究者提出了连铸、精炼、电磁场(CREM)一体连铸技术,其基本特点是采用分瓣结晶器来解决交变电磁场不易穿透结晶器的难题,并成功运用于铝合金连铸中,取得了与无模电磁铸造技术相似的效果,极大改善了铸坯质量。这一开创性的研究使冶金工作者意识到可以将该技术应用到钢铁生产中。因此,自 20 世纪 90 年代以来,国内外冶金工作者分别从不同的角度对软接触电磁连铸做了大量的研究。

尽管切缝分瓣结晶器可以解决磁场传统的问题,但仍存在切缝多、水冷复杂、结晶器内磁场分布不均匀等缺点。为了解决这些问题,冶金工作者从结晶器设计的角度出发,分析结晶器内的磁场强度。研究发现:在一定范围内增加结晶器切缝条数和增大切缝宽度可使磁场强度提高,且磁场分布变得更均匀;两段无缝式结晶器,即上段由高透磁性的铜合金组成、下段由导热性好的铜合金组成,可实现上部的磁场强度高于下部磁场的分布;斜向切缝结晶器,即切缝与轴成一定的夹角,可消除铸坯表面因磁场分布不均而产生的纵向皱褶。同时,研究者也探究了屏蔽片对软接触结晶器中磁场分布的影响,发现在不改变结晶器切缝数和宽度的条件下,通过加适当的屏蔽片,可使结晶器内磁场分布更均匀。

为了更深入地理解软接触的作用,冶金工作者从磁场的热效应和力效应出发,研究软接触电磁连铸技术对铸坯表面质量的影响机理,重点研究了电磁场对初始凝固坯壳的影响机理。研究者在研究弯月面处的软接触电磁连铸结晶器内的电磁力分布时发现,当在弯月面附近施加了高频电磁场后,电磁力使铸坯和结晶器间形成"软接触"状态,使初生坯壳与结晶器之间的保护渣道得以拓宽,结晶器振动所产生的动态压力减小,有利于减轻振痕深度,减小铸坯表面纵裂发生的概率。但上述的研究主要以定性分析为主,缺乏对磁场的"热效应"和"力效应"的量化分析。当采用 Sn 为研究对象进行电磁连铸实验研究时,系统地研究磁场的热效应和力效应在软接触电磁连铸中的表现形式,深入分析电磁场对结晶器内传热的影响,研究者认为电磁场对结晶器和初始凝固坯壳起到感应加热的作用,使凝固点下降,同时初始凝固坯壳与结晶器间的热阻增加,使熔点下移。这三方面的作用都使铸坯的初始凝固点降低,弯月面处温度提升,减轻结晶器振动对弯月面处温度造成的扰动,有利于消除振痕等表面缺陷。在力效应方面,通过建立数学模型,定量分析高频磁场作用下的渣道宽度和结晶器振动下的保护渣道动态压力。结果发现,施加一定范围的高频磁场可以降低保护渣内的动态压力,减轻弯月面扰动,以达到减轻振痕的目的。传统软接触电磁连铸通常施加振幅恒定的交变磁场,而连铸过程是一个周期性变化的动态过程。因此,为了满足此动态过程,研究者分别对间断高频磁场、脉冲磁场、准正弦波磁场和复合磁场等电磁场作用下的连铸过程进行了探索。结果表明,当参数选择适当时,不同波形的电磁场对改善连铸坯表面质量均能起到有益的作用。基于间断高频磁场概念的延伸和推广,后来人们提出了"调幅磁场"新技术,即磁场的幅值会按照某种函数关系随时间变化,并将调幅磁场与结晶器振动相耦合进行连铸实验。利用该系统研究方波调幅磁场耦合结晶器振动的电磁连铸技术,发现在结晶器振动正滑脱期间施加电磁场,能有效减小拉坯阻力,改善铸坯质量。同时,将调幅磁场引入无结晶器振动电磁连铸中,并分别对方波、正弦波和三角波调幅磁场作用下做无结晶器振动实验,得出:当调制波频率略低于系统固有频率时,保护渣润滑效果最好,连铸过程拉坯阻力最小,连铸坯表面质量相对较好,正弦波调幅磁场的连铸效果要优于方波和三角波调幅磁场。

软接触电磁连铸技术在改善铸坯质量上有显著的优势,但结晶器的结构复杂,限制了其在钢连铸中的应用。为解决这一问题,需从结晶器和磁场特性两方面开展研究,提高结晶器的透磁能力,用较低的电流获得合理的磁场分布,有效发挥该技术的作用[25]。

参考文献

[1] 李炎华. 电磁场影响渣金界面反应动力学条件的实验研究[D]. 沈阳:东北大学,2010:1-6.

[2] 任忠鸣,雷作胜,李传军,等. 电磁冶金技术研究新进展[J]. 金属学报,2020,56(4):584.

[3] 盛建. 电磁搅拌对 HMn57-2-2-0.5 合金凝固组织及性能的影响[D]. 上海:上海大学,2013:3.

[4] 李晓芃. 电磁搅拌 2A14 铝合金空心铸锭偏析行为研究[D]. 北京:北京有色金属研究总院,2020:5-6.

[5] 吴亮亮. 电磁搅拌作用下结晶器内圆坯初始凝固过程数值模拟研究[D]. 秦皇岛:燕山大学,2016:2.

[6] 吴亮亮. 电磁搅拌作用下结晶器内圆坯初始凝固过程数值模拟研究[D]. 秦皇岛:燕山大学,2016:4-6.

[7] 李炎华. 电磁场影响渣金界面反应动力学条件的实验研究[D]. 沈阳:东北

大学,2010:8-9.

[8] 余本海,胡雪惠,吴玉娥,等. 电磁搅拌对激光熔覆 WC-Co 基合金涂层的组织结构和硬度的影响及机理研究[J]. 中国激光,2010,37(10):2672-2677.

[9] 李贵茂. 磁场作用下 Cu-Ag 合金凝固组织与原位形变组织和性能的研究[D]. 沈阳:东北大学,2011:20-21.

[10] 赵倩. 螺旋磁场搅拌对合金内在质量影响的模拟与实验研究[D]. 大连:大连理工大学,2013:4.

[11] 盛建. 电磁搅拌对 HMn57-2-2-0.5 合金凝固组织及性能的影响[D]. 上海:上海大学,6-8.

[12] 屈磊. 磁场作用下 Cu-Fe 复合导线的组织调控及性能研究[D]. 沈阳:东北大学,2013:14.

[13] 李贵茂. 磁场作用下 Cu-Ag 合金凝固组织与原位形变组织和性能的研究[D]. 沈阳:东北大学,2011:17.

[14] 李贵茂. 磁场作用下 Cu-Ag 合金凝固组织与原位形变组织和性能的研究[D]. 沈阳:东北大学,2011:17-18.

[15] 马玉涛. 变形镁合金电磁搅拌悬浮铸造与合金强化技术研究[D]. 大连:大连理工大学,2009:22.

[16] 王建元,陈长乐. 磁场作用下的金属凝固研究进展[J]. 材料导报,2006,20(5):78-81.

[17] 李晓芃. 电磁搅拌 2A14 铝合金空心铸锭偏析行为研究[D]. 北京:北京有色金属研究总院,2020:37-40.

[18] 盛建. 电磁搅拌对 HMn57-2-2-0.5 合金凝固组织及性能的影响[D]. 上海:上海大学,2013:35.

[19] 赵倩. 螺旋磁场搅拌对合金内在质量影响的模拟与实验研究[D]. 大连:大连理工大学,2013:13-15.

[20] 李晓芃. 电磁搅拌 2A14 铝合金空心铸锭偏析行为研究[D]. 北京:北京有色金属研究总院,2020:50-51.

[21] 李贵茂. 磁场作用下 Cu-Ag 合金凝固组织与原位形变组织和性能的研究[D]. 沈阳:东北大学,2011:18-20.

[22] 洪鑫. 电磁搅拌电流突变及不同水淬温度对半固态铝合金初生相形貌的影响[D]. 赣州:江西理工大学,2021:23-36.

[23] 刘政,周翔宇. 分级电磁搅拌对半固态 Al-Cu 合金凝固组织的影响[J]. 中国有色金属学报,2015,25(1):49-57.

［24］任忠鸣,雷作胜,李传军,等.电磁冶金技术研究新进展［J］.金属学报,
2020,56(4):585-586.

［25］任忠鸣,雷作胜,李传军,等.电磁冶金技术研究新进展［J］.金属学报,
2020,56(4):587-588.

第五章　磁场热处理

5.1　概述

人类目前已经发现的金属材料数目众多,主要可分为黑色金属和有色金属两类。实际上,人类已知的金属大多都以化合物的形式存在。随着社会的发展,传统的金属材料早已不能满足生产的需要。通过人们不断的探索发现,将金属或合金工件放在一定的介质中加热到适宜的温度,并在此温度中保持一定的时间后,又以不同的速度在不同的介质中冷却,即金属热处理,可以改变金属材料表面或内部的微观组织结构,由此可大大改变原材料的性质和用途。金属热处理原理的核心内容是研究成分、组织结构和性能三者之间的关系及其变化规律。迄今为止,金属热处理技术已经相对成熟,然而,材料经过传统热处理后的性能和类型等已逐渐不能满足人类生产生活的需要。后来在对电与磁的不断研究和探索中,人们又发现金属在磁场作用下进行热处理也会使材料发生较大改变。

本章归纳的主要内容是磁场热处理对金属的影响和作用,讨论和研究磁场热处理较传统热处理的优势。要实现这一目标,应对传统热处理有一个初步了解。金属热处理工艺大致可分为整体热处理、表面热处理和化学热处理三大类。其中,以整体热处理最为常见,整体热处理是对工件整体加热,然后以适当的速度冷却,以改变其整体力学性能的金属热处理工艺。钢铁整体热处理大致有退火、正火、淬火和回火(俗称"四把火")四种基本工艺。根据加热介质、加热温度和冷却方法的不同,每一大类又可分为若干不同的热处理工艺。同一种金属采用不同的热处理工艺,可获得不同的组织,从而具有不同的性能。

金属热处理是机械制造中的重要工艺之一,与其他加工工艺相比,热处理一般不改变工件的形状和整体的化学成分,而是通过改变工件内部的微观组织,或改变工件表面的化学成分,赋予或改善工件的使用性能。其特点是改善工件的内在质量,而这一般不是肉眼所能看到的。所以,它是机械制造中的特殊工艺过程,也是质量管理的重要环节。

为使金属工件具有所需要的物理性能和化学性能,除合理选用材料和各种成型工艺外,热处理工艺往往是必不可少的。钢铁是机械工业中应用最广的材料,其微观组织复杂,可以通过热处理予以控制,所以钢铁的热处理是金属热处理研究的主要内容。另外,铝、铜、镁、钛等及其合金也都可以通过热处理改变物理和化学性能,以获得不同的使用性能。

磁场热处理简单来说就是材料热处理时在其处理环境中加入磁场。磁场仅仅是改变晶格中原子之间的平衡距离,而不改变机械零件的几何尺寸,所以应用范围极其广泛。它是一种新型的冷物理场,和传统的应力场、温度场类似,磁场作用的实质是一种能量的传递过程,其作用原理是:通过影响物质中电子运动状态使相发生变化。目前,磁场热处理在众多新型热处理方法中受到了更广泛的关注。磁场热处理是指在磁场中于居里温度附近将材料保温若干时间后冷却,或以一定的速度在磁场中冷却的热处理过程。通过磁场热处理,常常可以使合金中的磁性离子或离子对方向有序,从而引起感生各向异性,使材料中原来易磁化方向各不相同的磁畴结构,变成易磁化的、方向大致平行于磁场取向的磁畴结构。

5.2　磁场热处理

5.2.1　磁场热处理机制及作用

进行磁场热处理的主要目的是使材料感生出磁各向异性,改变材料的磁滞回线形状,从而使材料可以具有某些特定的应用。一般来说,材料的易磁化方向(易轴)主要是由材料的磁晶各向异性来决定的,而磁晶各向异性主要是由材料中具体的结构、材料的形状和材料中的应力决定的,这些因素取决于材料的制作方法以及后续的加工过程。如何运用磁场热处理使材料感生出一个易轴呢?磁场热处理一般是使材料中的原子在一个很小的局部尺寸中重新排列,这样就可以得到一个材料磁化的择优取向,从而得到一个已经给定的磁场方向的易轴。当材料处于低于居里温度的情况下,加一个足够使原子运动的退火温度,材料中的一些原子对会相对于磁场方向取向,以使材料的磁各向异性能达到最小值。当退火温度降低到扩散不能再继续进行时,去掉外加磁场,就可以使原来已经冻结的原子对方向有序,而这种有序化超过了材料中其他的各向异性,这样就可以使材料获得一个在外加磁场方向上的易轴。大量的研究表现,感生磁各向异性有三个特点:一是各向异性的生长由热激活过程所控制;二是驱动力是磁相互作用;三是就形成较强的各向异性的效果来说,同时含有两种或两种以上的金属元素的非晶态合金比那些仅含有一种金属元素的更有效。

材料在磁场热处理过程中会伴随着很多的微观效应,在可能有的短程原子扩散的温度下,外加磁场的存在对材料的作用主要有:①原子间键的方向呈现不对称分布;②如果原子的方向成对有序而且相互作用足够强,并且时间、温度都合适的话,原子的活动可以使少数的物质聚集并结成层错面来降低自由能;③对具有磁性的材料,外加磁场可以影响系统的总能量,对铁磁性材料、顺磁性材料等的各向异性的微观结构具有取向效应[1]。

磁场热处理可用交流磁场(工频及较高频率),也可用直流磁场。磁场热处理的所有工艺方法和与之相应的普通热处理工艺方法相比,可显著地细化组织,在不降低材料韧性的前提下,可显著地提高材料的强度。其中磁场淬火工艺强韧化效果最为突出,所以国内外研究得较多,应用较广[2]。此外,磁场退火也有着广泛的应用,如钢料处理和纳米晶软磁合金材料处理。其应用于钢料处理时,能有效地改善各种钢材的力学性能,在提高材料的强韧效果方面表现也非常突出,可显著提高材料的使用寿命。

相较于其他传统的热处理方式,磁场热处理可以得到改善双相纳米晶复合永磁材料的微结构,使软、硬磁相之间的交换耦合作用加强,提高材料的磁性能。同时,磁场还可以使晶粒沿着外加磁场方向择优取向生长,形成织构。

5.2.2 磁场热处理的主要应用

(1) 磁场在检测中的应用

磁场在检测中的应用包括:利用铁磁性材料在淬火冷却过程中的磁性变化现象,可测定淬火介质冷却特性;由于钢的化学成分、热处理后的硬度和淬硬层深度等与其磁化特性之间有着确定的对应关系,可评价材料及热处理质量;含碳量在 0.6% 以内的碳钢,其矫顽力正比于含碳量,利用测得的矫顽力值便可推知含碳量的大小;利用一些特性与磁场的关系,可测量零件硬度、判别工件的预先热处理条件、探伤等。

（2）磁场在热处理组织转变研究中的应用

钢铁材料中各组成相的磁化特性差异很大，例如，铁素体相为铁磁性的，而奥氏体为顺磁性的，因此当组织发生转变时，磁化特性也相应发生变化。利用这种变化，可进行一些组织转变的研究。

（3）磁场在淬火冷却中的应用

奥氏体化后的钢件在附加稳定磁场（500～2 000 Oe，1 Oe＝79.577 5 A/m）或强脉冲磁场（100～500 kOe）的淬火介质中淬火时，由于磁场的作用，淬火介质的冷却特性发生了某些变化，同时影响到相变过程，从而使淬火质量提高。

（4）磁场在化学热处理中的应用

感应加热氮化、渗氮等都是磁场在化学热处理中的应用实例，由于速度快、无氧化、节能及质量好等优点，在化学热处理中获得了越来越多的应用。

（5）磁场在磁性合金热处理中的应用

磁性合金的磁场热处理主要有等温磁场热处理和等速降温磁场热处理两种，主要用于恢复、改善磁性材料的磁化能[3]。

5.3　磁场热处理的种类

同一成分的金属材料，经不同热处理，可以获得悬殊的性能，所以对一种新的热处理方法的发现和确立，就几乎相当于对一种新金属材料的开发。早在1959 年，RDCA（美国的开发与研究公司）的总冶金师 Bassett（贝塞特）提出了在磁场的作用下用来改善金属材料力学性能的热处理方法，俗称磁场热处理，又称贝氏法。磁场热处理的方式可分两类：如果在热处理时所加磁场的方向和使用材料磁性的方向平行，称为纵向磁场热处理；如果在热处理时所加磁场的方向和使用材料磁性的方向垂直，称为横向磁场热处理。用纵向磁场热处理的方法可以获得高导磁率及高矩形比的材料，用横向磁场热处理的方法可以获得恒导磁、低剩磁的材料[4]。磁场热处理属于新型热处理工艺，磁场热处理的方式包括磁场淬火、磁场回火、磁场退火以及磁场渗氮。

一般来说，磁场淬火、磁场回火、磁场退火、磁场渗氮与对应的普通淬火、普通回火、普通退火、普通渗氮工艺相比，无论在细化材料组织方面，还是提高综合力学性能及减小淬火变形方面都更为优越。这在挖掘材料潜力、提高机电产品的精度和使用寿命方面有着不可估量的经济效益及应用前景。磁场热处理不仅可用于各种结构钢、工具钢、不锈钢，而且还可用于非晶合金和纳米晶合金。特别是在对纳米晶合金的热处理中,可以显著提高其磁性能。

5.3.1 磁场淬火

传统淬火是将工件加热保温后,在水、油或其他无机盐溶液、有机水溶液等淬火介质中快速冷却。淬火后,钢件变硬,但同时变脆。淬火时,最常用的淬火介质是盐水、水和油。盐水淬火的工件,容易得到高的硬度和光洁的表面,不容易产生淬不硬的软点,但却易严重变形,甚至发生开裂。而用油作淬火介质,只适用于过冷奥氏体的稳定性比较大的一些合金钢或小尺寸的碳钢工件的淬火。磁场淬火可以通俗地理解为将材料置于磁场中,再按照传统的淬火方式对材料进行热处理。具体而言,将加热到淬火温度的工件浸入稳定磁场或强脉冲磁场作用下的淬火介质中冷却的热处理工艺,称作磁场淬火。在磁场的作用下,淬火介质的冷却特性发生了变化,进一步影响淬火的相变过程,从而提高了工件的淬火质量,这是一种新型的淬火技术。相关试验证明:磁场能增加水的表面张力,破坏水合物膜,使固态表面与水的润湿性变差,导致水的物理性质发生变化,从而降低了水在淬火时的冷却能力[5]。

磁场淬火能有效地改善各种金属材料的力学性能,因此,已成为国际材料科学领域重要的研究课题之一。与传统的淬火工艺相比,磁场淬火在细化组织、改善材料力学性能等方面作用明显,具体来说有两个:一是可以降低淬火时的组织应力,防止爆裂;二是提高淬火工件的强度和韧性。

磁场淬火的实质,是利用外加磁场使奥氏体晶格发生形变(即晶格畸变),形成位错胞,使马氏体细化并增加位错密度,改善力学性能。这与钢的形变热处理有相似之处。虽是不同的两种形变方式,但可产生相同的组织结构——位错胞,使材料得到强化。而磁场淬火对材料的强韧化效果的提高更突出,使用寿命的增加更显著[6]。

(1)磁场淬火的强韧化机理

由于外强磁场可以克服奥氏体状态下晶格结点上原子热运动的扰乱作用,各原子的自旋磁矩趋于同向排列,结果使处于居里温度以上顺磁性的奥氏体磁化,从而改变了晶格结点之间的平衡距离,引起了晶格的畸变。在交变的外磁场作用下,晶格反复畸变,从而使晶体内的位错产生了移动和攀移,形成了高密度的位错胞。

磁场淬火可以减少淬火变形、降低材料缺口敏感性及消除回火脆性等,这是因为磁场淬火使金属组织中形成了大量的位错胞结构,这些位错胞在淬火相变时限制了马氏体长大,从而细化了组织。再加上外强磁场可使奥氏体晶格畸变,降低了碳在其中的溶解度,从而升高了马氏体转变点,增多了马氏体形核率,同样也起到了细化组织的作用。由于上述两种作用,磁场淬火与普通淬火相比可以显著细化金属组织。

同时由于晶格的畸变,降低了奥氏体中碳的溶解度,相变前从奥氏体内析出了大量弥散的碳化物,强化了马氏体基体,增强了材料的耐磨性。

经磁场淬火后的材料具有很高的回火抗力。一般来说,随着淬火磁场强度的增加,回火后的硬度差增大。若在同一磁场强度下,淬火后回火温度越高,则回火后的硬度差也越大,这是因为外加磁场使奥氏体在畸变过程中形成了非常稳定的亚结构,即细小弥散的碳化物所钉扎的较规则排列的位错细胞,这种位错结构具有很高的回火抗力。这一点对于减少模具及其零件在使用中因摩擦而回火,进而导致硬度降低、使用寿命缩短的问题,具有重大的经济意义[7]。

(2) 磁场淬火处理方式

磁场淬火的处理方式主要有磁水处理和磁油处理,其中磁水处理的应用较为广泛。所谓磁水处理,就是以磁化水作为淬火介质的淬火工艺。众所周知,材料用水淬火常常引起较大的组织应力并可能形成裂纹。这是水的特殊结构和因此而形成的冷却特性所决定的。水分子是极性分子,而且水分子之间的互相作用借助于氢键连接,淬火时水在固体金属表面上表现出很强的湿润性和极大的吸热性。当水中有电解质时,由于电解质在水中形成离子,表现出水在固体表面上湿润性加强,淬火时就会加速气泡沸腾期(激烈汽化、强烈冷却阶段)的到来,并强化气泡沸腾期的冷却烈度。而且这种强烈冷却持续到一般结构钢的马氏体转变点以下直至达到水的沸点时为止。淬火钢的马氏体转变处于高速冷却的气泡沸腾阶段,是产生组织应力的重要原因。

当磁场作用于淬火介质时,由于叠加磁场的作用,水的表面张力增加,固体金属表面与水之间的湿润性变差,同时这些带极性的分子在磁场作用下,受到电动力的限制,这两个因素的共同作用导致水与淬火工件的热交换减慢,这也就使水对淬火工件的冷却能力下降。更有意义的是,在马氏体转变温度区,冷却速度下降幅度更大。因为在这个温度区,非磁性的奥氏体开始转变为有磁性的马氏体,强化了磁场对淬火介质的作用。磁场对流动水介质也有同样的作用,磁场对不同流速的水在喷射冷却条件下的冷却能力的研究表明,在气泡沸腾冷却阶段,冷却速度降低比较明显,但与流速有关。当流速为 2.5~3.5 m/s 时磁场的影响最大,当流速进一步提高,磁场降低水冷却速度的作用逐渐消失[8]。

磁水处理往往对材料产生如下影响:①磁水处理能够促进马氏体转变,并使残余奥氏体含量相对减少;②磁水处理可使马氏体晶粒细化,增加晶界和亚晶界的比表面积,使位错数量增多,从而提高钢的强度;③磁水处理不能改变马氏体的形状,磁水处理所获得的马氏体形状与普通水淬火相近;④磁水处理升高马氏体转变点、延长马氏体在较高温度下的停留时间以及降低水的冷却能力等,都可促进马氏体的自回火,且磁水处理使马氏体亚晶细化和位错密度增加,不仅有利于碳原子沿晶体缺陷偏聚,也促进了碳原子的扩散和碳化物沉淀(如40钢普通淬火时就可以观察到自回火现象,然而40钢淬火时虽有碳化物沉淀,但相对细小弥撒);⑤外加磁场可以改变水的物理特性和细化淬火组织,可减小淬火过程中的热应力和组织应力,因而可获得比普通水淬火更小的变形,从而提高工件淬火后的精度[9]。

磁油处理的研究相对较少,但是淬火时也常用油作为淬火介质。接下来就从淬火油的相关知识入手,侧面了解淬火油冷却的特点。

淬火油主要分为冷淬火油和热淬火油两类。淬火油的沸点较高,因此在淬火件淬入油品的初始阶段,能够获得较好的冷却能力,但是加热后的油品不易散热,所以在淬火件与淬火油温差缩小时,冷却能力不佳。使用淬火油能够获得比水更好的形变控制,但是油品的深层淬硬能力不如水,普通淬火油一般用于淬透性较好、截面较小的工件,在要求高淬硬能力的场合,就需要使用专用快速淬火油和超速淬火油。机械油由于组成成分比较复杂,含有较高的硫、氮等杂质,存在着冷速小、闪点低、黏度指数低的缺点。机械油的低闪点会降低现场的安全系数,低的黏度指数会在油品的使用温度出现较大变化时,对冷却速度造成较大影响,如果在较高的温度下长时间使用,机械油的寿命会大大缩短。所以使用机械油作为淬火介质,使用温度一般不会太高。

相对于水性淬火介质来说,油性淬火介质存在着蒸发性污染、烟雾污染、易引发火灾等风险。所以使用油性淬火介质时,一定要按工艺规程严格操作,车间要保持通风状态,最好能够配备烟雾吸收系统,严防火灾及爆炸性事故的发生[10]。

(3) 磁场淬火的应用

磁场淬火可用于碳素及合金的各种结构钢、工具钢、模具钢、轴承钢、高速钢。不仅可用于锻件,也可以用于铸件。将 T10A 在 630℃ 等温条件下,分别置于 1.6×10^6 A/m 磁场和无磁场中对比,抗拉强度分别为 1 215 MPa 和 1 068 MPa,伸长率分别为 9.2% 和 9.4%,屈服极限分别为 873 MPa 和 755 MPa,可看出,其经磁场淬火后的力学性能明显提高。可锻铸铁在 2×10^6 A/m 磁场中淬火后,硬度可以提高 20%~35%;耐磨铸铁在 2.39×10^5 A/m 磁场中淬火后,冲击韧度提高 14％左右,硬度提高 1～2HRC(洛氏硬度),抗磨损性能可以提高 2 倍左右。相信随着理论研究的进一步深入和设备制造水平的进一步提高,磁场淬火热处理工艺将会在工业生产中得到更加广泛的应用[11]。

①磁场淬火对力学性能的影响

复合形变淬火时,材料单位形变的屈服强度增量为 0.76 (kg·mm^{-2}/％);高温形变淬火时,材料单位形变的屈服强度增量为 0.50 (kg·mm^{-2}/％);低温形变淬火时,材料单位形变的屈服强度增量为 0.63 (kg·mm^{-2}/％)。复合形变淬火时的冲击值为 47 J、延伸率为 10.5％、断面收缩率为 39％,与相应的低温形变淬火时的冲击值 37 J、延伸率 11.4％及断面收缩率 36％相比较,复合形变淬火时的冲击值和断面收缩率都比低温形变淬火时的高。

通过比较得知,复合形变淬火的强化效果最佳。由此推测,经磁场淬火的材料的强化效果也应该是很突出的。对低铬耐磨材料经磁场淬火与普通淬火后的力学性能进行对比。经磁场淬火的低铬耐磨材料硬度提高了 1～1.5HRC,冲击韧性提高了 16％,强度提高了 20％～50％,铸造清理设备(Q635 型)抛头上的低铬耐磨叶片经磁场淬火,在使用直径为 2.5 mm 铁丸的情况下,使用寿命提高了 2 倍多[12]。

磁场热处理能在保持或略提高韧性的情况下提高材料硬度和强度,是由于磁场淬火显著细化了金属组织。由实验可知,经磁场淬火与经普通淬火的铸态耐磨铸铁相比,金属组织变细,硬度提高 1～1.5HRC,韧性提高 16％左右,强度提高 20％～50％,同时提高了材料表面的抗擦伤性能,其使用寿命也可提高约 2～3 倍。通常来说,凡是可通过普通淬火工艺处理的机械零件都可通过磁场淬火来提高强韧化效果,延长机械零件的使用寿命。

②磁场淬火对相变的影响

20 世纪 20 年代末,科学家指出磁场对软磁材料性能具有重要影响;1929 年,研究者发现淬火钢磁化会引起硬度升高,当时并未将马氏体相变与磁场联系起来。1960 年,研究发现,Fe-1.5Cr-23Ni-0.5C 钢在外加 350 kOe 磁场、温度为 77 K 时诱发了广泛的马氏体相变,从此,磁场淬火的研究日益受到人们的重视。20 世纪 60 年代开始,我国的科研人员展开了对磁场淬火的研究,发现磁场淬火能使马氏体的嵌镶块碎化,并能显著提高钢淬火后的弯曲强度;淬火过程中引入磁场,可以细化马氏体组织,减少钢中残余奥氏体量,促进奥氏体向马氏体转变,但同时会加速中碳钢碳化物的析出和碳的脱溶,降低钢的淬透性;磁场可以降低淬火后的组织应力,减少开裂和变形倾向,同时提高材料的强度和韧性。

综合国内外的研究成果,磁场淬火对材料的相变具有很大影响。磁场对材料相变的影响和上述磁水淬火对材料的影响有很多相似之处,具体如下:磁场可以提高马氏体的转变温度,促进奥氏体向马氏体转变,使残余奥氏体量减少,细化马氏体组织;磁场淬火可以降低过冷奥氏体的稳定性,使 CCT(过冷奥氏体连续冷却转变)曲线左移;在脉冲磁场中等温淬火,会促使过冷奥氏体向贝氏体转变,缩短等温时间;马氏体转变点的升高,有可能使马氏体转变发生于慢冷的对流换热区,从而降低淬火形成的组织应力,减少零件的畸变与开裂[13]。

③几个因素对磁场淬火效果的影响

上述几个方面讨论的是磁场淬火后材料的性质的变化,但在科学实验中,实验因素会大大影响实验结果,使用不同的材料在同样条件下进行实验,结果会有所不同,使用同一材料在不同条件下进行实验,得到的结果也会有所不同。接下来根据前人的研究,讨论几个因素对磁场淬火效果的影响[14]。

a. 含碳量对磁场淬火效果的影响

通常来说,实验材料的含碳量会大大影响磁场淬火的效果。经过磁场淬火后的强化效果随钢料等材料的含碳量的增加而提高,如图 5.1 所示。图中的曲线是磁场淬火后强度随钢中含碳量变化的曲线。其中含碳量小于 0.2% 的钢经磁场淬火后的强度下降。其原因是:首先,钢中含碳量很低,对磁化形变在奥氏体内形成的位错结构不能析出足够的弥散碳化物进行钉扎,这种未被弥散碳化物钉扎的位错结构是不起强韧化效果的;其次,磁场增加了奥氏体的不稳定性,使"C"曲线(过冷奥氏体等温转变动力学曲线)左移,有实验表明,当实验材料含碳量小于 0.2% 时,进行磁场淬火,其硬度会因为首先析出铁素体而下降 35 HV(维氏硬度)左右,材料的硬度偏低也直接反映了该材料的强度偏低;再次,磁场可降低淬火介质的冷却能力,这样,就很难满足对淬火临界冷却速度很高的低碳

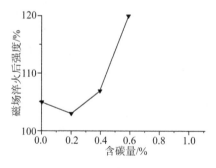

图 5.1 钢的含碳量对磁场淬火效果的影响[14]

钢(如含碳量 0.2% 以下的钢)淬火所需要的冷却速度。所以上述磁场淬火的结果是磁化形变使奥氏体"C"曲线左移和磁场降低淬火介质冷却能力的综合作用。当含碳量大于 0.2% 时,特别是在 0.4% 以上时,磁场淬火后钢的机械性能随钢中含碳量的增加而提高。这是由于随着钢中含碳量的增加,磁化形变的奥氏体析出的弥散碳化物增多,愈多的弥散碳化物对位错结构钉扎的程度也愈高,所以磁场淬火后的强化效果随钢中含碳量的增加而提高。

b. 磁场大小对磁场淬火效果的影响

奥氏体原子间的平衡距离随着外磁场强度的增加而变大,即奥氏体的磁化形变愈大,这样在奥氏体内形成的位错结构也就愈充分。同时又因奥氏体磁化形变大而析出的弥散碳化物愈多,位错结构被弥散碳化物钉扎愈牢固。所以磁场淬火后钢的机械性能随磁场强度的增加而提高。

研究者在选用 420J2 马氏体不锈钢作为实验材料进行淬火后发现,试样随着磁场强度的提高而硬度增高,也说明了磁场强度的提高使奥氏体磁化形变增大,从奥氏体中析出的弥散碳化物愈多。同时使马氏体转变点上升愈高,在磁场淬火后的组织中残留奥氏体量也愈少。因此,随着磁场强度的提高,420J2 马氏体不锈钢试样淬火后的硬度也增强。

总之,随着磁场强度的增大,磁场淬火的效果也愈明显。

c. 合金元素对磁场淬火效果的影响

合金元素对磁场热处理的影响是很大的,特别是对磁场淬火的影响更为突出。在对 20 钢磁场淬火时发现,其硬度下降了 35HV(参考)。而选用含碳量为 0.2% 的 420J2 马氏体不锈钢作为实验材料时,其经磁场淬火后的硬度却有一定程度的升高。可见,合金元素对磁场淬火强化效果有显著的影响。这主要是合金元素对铁碳合金相图(Fe-C 相图)共析点的改变所致。凡是能使 Fe-C 相图共析点左移的一切合金元素,经磁场淬火后,都可获得强韧化效果。使共析点左移的合金元素,能在含碳量相同的情况下,提高钢的过共析程度,使磁化形变的奥氏体析出的弥散碳化物增多。这样,奥氏体在磁化形变中形成的位错结构被弥散碳化物钉扎得就愈多,因而强化了磁场淬火后的强韧化效果。

5.3.2　磁场回火

为了降低钢件的脆性,将淬火后的钢件在高于室温而低于 650℃ 的某一适当温度下进行长时间的保温,再进行冷却,这种工艺称为回火,即传统回火。传统回火有以下作用:①降低钢件脆性,消除或减少内应力,钢件淬火后存在很大内应力和脆性,如不及时回火往往会使钢件发生变形甚至开裂;②获得工件所要求的机械性能,工件经淬火后硬度高而脆性大,为了满足各种工件的不同性能的要求,可以通过适当回火的配合来调整硬度、减小脆性,得到所需要的韧性、塑性;③稳定工件尺寸;④对于退火难以软化的某些合金钢,在淬火(或正火)后常采用高温回火,使钢中碳化物适当聚集,将硬度降低,以利切削加工。

磁场回火所采用的磁场,一般以交流磁场和脉冲磁场居多,直流磁场采用得很少。在脉冲磁场回火的过程中,磁能被转化为原子的动能,脉冲磁场中的磁致伸缩效应可使位于磁场方向的原子间距发生周期性的变化,这些都会使原子的扩散激活能降低,加速原子的扩散。尤其是脉冲磁场更有利于加速电子的定向移动,这就使回火时碳化物的析出和内应力的降低更加迅速和充分。脉冲磁场有利于原子的迁移,促进位错的运动,加速回复过程的进行。在回火过程中,脉冲磁场使工件产生强烈的振动,这也可能加速新相的形核,脉冲愈尖锐,瞬时能量就会越高,加速回火的作用就会更强烈。

下面以高速钢的脉冲磁场回火为例,了解磁场回火的作用及其较传统回火工艺而言的优点。

试验材料选用国产 W6Mo5Cr4V2 高速钢,加热设备为高温盐浴炉和高温箱式炉。普通回火在硝盐炉中进行,脉冲磁场回火在自制的脉冲磁场加热炉中进行,其功率为 10 kW,介质为硝盐,磁场强度为 1 000 A/m 左右。冲击试样尺寸为 10 mm×10 mm×55 mm(无缺口),抗弯试样尺寸为 10 mm×10 mm×120 mm 方钢。

选择最佳回火工艺,在普通回火温度 560℃下改变磁场强度及回火时间,然后测定硬度变化。由图 5.2 可知,按回火温度 560℃、回火时间 45 min、回火2 次(简写为 560℃×45 min×2 次,下文同)工艺对高速钢进行脉冲磁场回火时,出现硬度最高值(≥65 HRC)。而普通回火时,则是 560℃×1.5 h×3 次后硬度达到最高值(≥64.5 HRC)。最后确定 560℃×45 min×2 次为脉冲磁场回火最佳工艺。

(1)磁场回火对力学性能的影响

脉冲磁场回火对力学性能的影响如图 5.3(a)和图 5.3(b)所示。从图可知,经脉冲磁场回火的高速钢的抗弯强度值和冲击韧性值均高于普通回火后的数值。

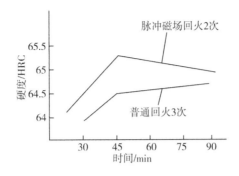

图 5.2　脉冲磁场对 W6Mo5Cr4V2 钢回火硬度的影响(1200℃油淬 560℃回火)[15]

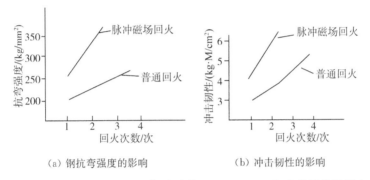

（a）钢抗弯强度的影响　　　　　（b）冲击韧性的影响

图 5.3　回火方法对经 1 225 ℃油淬的 W6Mo5Cr4V2 钢力学性能的影响

　　另外,对经淬火的 W6Mo5Cr4V2 钢进行脉冲磁场回火和普通回火处理后,对残余奥氏体量进行了测定比较。脉冲磁场回火工艺,560℃×45 min×2 次;普通回火工艺,560℃×1.5 h×3 次。经脉冲磁场回火和普通回火后钢的残余奥氏体量接近,但脉冲磁场回火次数比普通回火次数少并且回火时间缩短了 1/2。脉冲磁场回火后残余应力低,说明回火是充分的,所以脉冲磁场回火完全可以取代普通回火工艺[15]。

　　综上可以得出,磁场回火工艺具有可减少回火次数和回火时间、降低生产成本和缩短生产周期、提高生产效率等优点。工业革命后,设计和制造产品的宗旨是在满足使用要求的基础上既要成本低廉又要性能好,还要环保无污染,宜人性好等。这使得磁场回火的应用有了巨大的潜力。

　　有文献指出,磁场能使马氏体转变点显著上升。因而脉冲磁场可加速碳化物和马氏体的形核,从而使碳化物的析出更加均匀弥散,而碳化物的析出又进一步使马氏体转变点升高,这可能是脉冲磁场强烈促进残余奥氏体向马氏体转变的原因。磁能可转化为原子的动能,脉冲磁场中的磁致伸缩效应可使原子间距发生周期性的变化。这些都会使扩散激活能降低,加速原子的扩散。脉冲磁场更有利于加速电子的定向流动,这就使回火时碳化物析出和内应力降低更加迅速和充分。交变及脉冲磁场可使工件产生强烈的振动以及磁致伸缩效应,可加速新相的形核,不难设想,脉冲愈尖锐,瞬时能量愈高,其加速热处理过程的作用也就必然更为强烈。因此,脉冲磁场可显著加速钢的回火转变,可使高速钢的回火碳化物析出更加均匀弥散,并促使残余奥氏体转变,使高速钢的回火周期缩短一半。高速钢经脉冲磁场回火后,其硬度、红硬性、抗弯强度、冲击韧性均有不同程度的提高,因而使用寿命提高一倍多。还有关于高速钢脉冲磁场回火结果表明,脉冲磁场降低铁磁性相——马氏体和碳化物的自由能,从而使相变驱动能显著增大。他们通过实验研究发现,脉冲磁场回火对材料的机械性能、回火组织、二次硬化以及内应力都具有明显的影响,也证明了上述许多观点。具体来说:①脉冲磁场显著地加速了高速钢的回火过程,尤其对等温淬火的试件更为显著,同时脉冲磁场回火使高速钢的抗弯强度和冲击韧性提高以及明显改善高速钢的红硬性;②脉冲磁场回火后碳化物析出量增多,分布也更加均匀,这是普通回火所不具备的;③脉冲磁场回火可以使内应力明显下降[16]。

(2) 强磁场对合金回火组织转变的影响

目前,除了对普通磁场下的回火有研究,随着科学技术的发展和人类生产的需要,人们开始试着在传统磁场处理的基础上加大磁场强度,强磁场随之进入人们视野。现有研究表明,强磁场对合金回火组织转变有一定影响。

回火可以分为低温、中温和高温回火。在100℃以下回火,会发生碳原子的重新分布,此阶段并没有出现碳化物的析出,只是碳原子不发生受热激活的重新分布。温度不超过200℃时处于回火的第一阶段,发生过渡型碳化物的析出。随着回火温度的升高,在530℃回火时,马氏体发生回复和多边形化,但是α相仍然保持板条状,沿晶界分布着棒状的渗碳体。

由于马氏体中的碳是高度过饱和的,有很高的应变能和界面能,而且还存在一定量的残余奥氏体,所以淬火组织是高度不稳定的。正是马氏体和残余奥氏体的不稳定状态与平衡状态的自由能差,提供了转变驱动力,使得回火成为一种自发的转变,即一旦具备了动力学条件,转变就自发进行。所谓的动力学条件就是使原子具有足够的活动能力。回火就是通过加热提高原子的活动能力,使得转变以适当的速度达到所要求的程度。

研究发现,在中温回火时,渗碳体与铁素体的磁化强度不同,导致自由能的变化不同,影响界面能,使得片状及条状的渗碳体在磁场下不利于形成,同时由于磁致伸缩应变能的影响,球状及短棒状的渗碳体更有利于析出。在高温回火时,磁场抑制铁素体的再结晶,可能与磁有序或畴壁阻碍再结晶中晶界的迁移有关[17]。

（3）强磁场回火对高速钢中 M_6C 型碳化物析出行为的影响

强磁场对合金碳化物回火析出也有一定影响。高速钢中最主要的碳化物是以 Fe、Mo、W 为主的 M_6C 型复合碳化物。研究者在研究强磁场回火对 W6Mo5Cr4V2 高速钢中 M_6C 型碳化物析出行为的影响时发现了以下特点[18]。

①强磁场对 M_6C 型碳化物的形貌具有球化作用

200℃低温回火时,M_6C 型碳化物呈粗大骨骼状或树枝状沿晶界析出,呈网状分布。而施加 1 T、6 T、12 T 强磁场后,回火样品中的 M_6C 型碳化物在晶界均呈球块状析出。400℃中温回火时,M_6C 型碳化物呈粗大骨骼状或树枝状沿晶界析出,呈网状分布;随着磁场强度的增加,M_6C 型碳化物呈树枝状,沿晶界网状分布的趋势逐渐减弱,当磁场强度达到 12 T 时,M_6C 型碳化物在晶界析出,呈球块状。560℃高温回火时,磁场对 M_6C 型碳化物的析出形貌和析出位置没有显著影响。结果表明,低温、中温回火时,磁场对 M_6C 型碳化物的形貌具有球化作用,而高温回火时,磁场对其的球化作用不显著。这是由于磁场增加了 M_6C 型碳化物/基体的界面能。

在无磁场回火时,M_6C 型碳化物/基体界面能主要由这两相的结构及化学成分差别决定。在晶界析出的 M_6C 型碳化物表现出极强的沿界面生长的趋势,因为这种长大方式可以利用已有的界面能,减缓新的 M_6C 型碳化物/基体界面形成而导致的能量增加。但施加外磁场后,磁化会导致被磁化相吉布斯自由能的降低。由于不同物质具有不同的磁化强度,磁场下 M_6C 型碳化物、基体均被磁化,吉布斯自由能降低,但吉布斯自由能降低的幅度不同。

回火温度从 200℃升高到 400℃后,温度的升高使被磁化相吉布斯自由能增大。在温度和磁场的共同作用下,M_6C 型碳化物/基体的界面能上升没有 200℃低温回火时明显,因此磁场对 M_6C 型碳化物的球化作用减弱。随着磁场强度的增加,M_6C 型碳化物/基体界面的界面能上升,磁场对 M_6C 型碳化物球化作用增强,最终导致 M_6C 型碳化物通过球化减小面积以降低总界面能,使系统能量最低。当 560℃高温回火时,温度对吉布斯自由能的影响成为主要因素,磁场的作用不显著。

②强磁场增加了 M_6C 型碳化物的析出数量

200℃低温回火时,与无磁场回火样品相比,施加 1 T、6 T、12 T 磁场后,样品中 M_6C 型碳化物的析出数量明显增加。400℃中温回火时,施加强磁场使 M_6C 型碳化物数量略有增加。560℃高温回火时,磁场对 M_6C 型碳化物的析出数量没有显著影响。结果表明,低温、中温回火时,磁场增加了 M_6C 型碳化物的析出数量,而高温回火时,磁场的作用不显著。这是由于磁场提高了 M_6C 型碳化物的形核率。

由于磁场会使析出的 M_6C 型碳化物的吉布斯自由能降低,因此施加磁场使 M_6C 型碳化物析出前后的吉布斯自由能差值的绝对值 $|\Delta G|$ 增大,增加了碳化物的析出驱动力。400℃中温回火时,由于回火温度的升高,热力学温度 T 值增大,ΔG 的变化对形核率的影响减弱,磁场对形核率的影响降低。因此 400℃中温回火时,施加强磁场使 M_6C 型碳化物的数量略有增加。560℃高温回火时,T 值进一步增大,ΔG 的变化对形核率的影响更弱,导致磁场对形核率的影响不显著。

③强磁场减小了 M_6C 型碳化物的析出尺寸

200℃低温回火时,与无磁场回火样品相比,施加 1 T、6 T、12 T 磁场后,样品中 M_6C 型碳化物的析出尺寸明显减小。400℃中温回火时,施加强磁场使 M_6C 型碳化物的析出尺寸略有减小。560℃高温回火时,磁场对 M_6C 型碳化物的析出尺寸没有显著影响。结果表明,低温、中温回火时,磁场减小了 M_6C 型碳化物的析出尺寸,而高温回火时,磁场的作用不显著。这是由于磁场阻碍了 C 元素的扩散。

由于磁场会使 C 元素的吉布斯自由能降低,因此施加磁场使 C 元素的扩散系数减小,阻碍了 C 元素的扩散,不利于 M_6C 型碳化物的长大,导致 M_6C 型碳化物的析出尺寸减小。400℃中温回火时,由于回火温度的升高,热力学温度 T 值增大,外加磁场引起的吉布斯自由能的变化对 C 元素扩散系数的影响减弱,磁场对 C 元素扩散系数的影响降低。因此 400℃中温回火时,施加强磁场使 M_6C 型碳化物的析出尺寸略有减小。560℃高温回火时,T 值进一步增大,外加磁场引起的吉布斯自由能的变化对 C 元素扩散系数的影响更弱,导致磁场对 M_6C 型碳化物析出尺寸的影响不显著。

5.3.3 磁场退火

普通退火是指将金属加热到一定温度,保持足够时间,然后以适宜速度冷却(通常是缓慢冷却,有时是控制冷却)的一种金属热处理工艺。退火的目的和作用主要有:①降低硬度,改善切削加工性;②降低残余应力,稳定尺寸,减少变形与裂纹倾向;③细化晶粒,调整组织,消除组织缺陷;④均匀材料组织和成分,改善材料性能或为以后热处理做组织准备。

在生产中,退火工艺应用很广泛。根据工件要求退火的目的不同,退火的工艺规范有多种,常用的有完全退火、球化退火和去应力退火等。

磁场退火即在对合金的热处理过程中施加一个外磁场,使合金内部磁性原子在扩散过程中因受外磁场影响而重新排布,得到新的原子排列方式或磁畴结构[19]。磁场属于材料加工工艺,其目的是通过感生的单轴各向异性改变材料的磁滞回线形状,以满足对材料的某些性能需求。磁场退火的应用非常广泛,它是产生单轴各向异性的一种古老方法,在退火过程中材料本身的结构不会发生改变。

磁场退火对材料的影响研究始于 20 世纪早期。1934 年,研究者比较详细地讨论了在热处理中加入磁场后坡莫合金的磁化行为急剧改变的现象。此后,越来越多的人在不同合金中应用磁场退火技术取得了成功。随着非晶带材的不断应用,磁场退火工艺也有了长足的发展。目前,磁场退火的种类主要有:纵向磁场退火、横向磁场退火、旋转磁场退火、倾斜磁场退火、强恒磁场退火、脉冲磁场退火等[20]。其中,纵向磁场退火和横向磁场退火是非晶软磁材料最常用的磁场退火工艺。如果在退火热处理时所加磁场的方向和以后使用磁性的方向平行,称为纵向磁场退火;如果在退火热处理时所加磁场的方向和以后使用的磁性的方向垂直,称为横向磁场退火。纵向磁场退火可以使磁滞回线矩形化,提高最大磁导率和剩余磁感应强度,同时铁磁损耗增大。高磁导率可以使铁芯材料的激磁电流降低,从而提高铁芯的工作点。横向磁场退火可以获得平伏的磁滞回线,使材料具有恒磁导率和低剩余磁感应强度,同时铁磁损耗减小,低损耗的非晶态合金铁芯是非常优质的制作脉冲变压器的材料。通常来说,合金本身的磁晶各向异性越小越好,同时感生的单轴各向异性越大越好,因为这样可以使材料的性能更好。

随着高新技术的快速发展,要求软磁材料能愈来愈广泛应用于小型轻量、多功能、高稳定性、高频化的电子器件中。其中纳米晶软磁合金及铁氧体软磁材料以其较高的饱和磁感应强度、高磁导率、低高频损耗、耐磨性、耐蚀性、高强硬度,以及良好的温度及环境稳定性等性能特点,受到更多的科研工作者的重视。

(1) 磁场退火的机理

大量的实验发现,磁场退火过程中感生各向异性可以改变磁滞回线形状,而且在纳米晶软磁合晶中,感生单轴各向异性能影响其磁晶各向异性的平均化过程。目前对磁场退火的研究中有很多关于磁场退火对软磁材料的影响。软磁材料的剩磁和矫顽力均很小,在磁场中容易反复磁化,当外磁场去掉后,获得的磁性会大部分或全部丧失,因此已广泛应用于电工设备和电子设备中[21]。

对软磁材料来说,磁场热处理对软磁合金的作用可以看作是给合金附加了一个单轴各向异性,即感生磁各向异性。由于非晶态合金的磁场热处理感生各向异性的现象与晶态磁性合金非常相似,各向异性的最大值也基本相同,所以常用奈尔-谷口(Neel-Taniguchi)的晶态合金中原子对方向有序理论作为分析非晶的单轴各向异性模型[22]。该理论的概念是:在磁性合金中存在的不同原子对,其磁偶极子间的相互作用不同,因此,在有磁场存在的热激活系统中,原子对趋向于排列到总能量最低的方向;然后,当系统冷却至低温时,原子几乎不再扩散,方向有序化被冻结下来,结果就造成了感生磁各向异性。图 5.4 为坡莫合金(Ni-Fe 合金)原子交换模型图。磁场热处理时,Fe、Ni 原子的位置互换,出现了Ni-Ni 原子对。因此,增加了一个 Fe-Fe 和一个 Ni-Ni 原子对,同时减少了两个Fe-Ni 原子对。这将影响与磁化方向平行的 Ni-Fe 原子中一个原子与其他原子交换位置时发生的能量变化值,从而影响感生各向异性常数的大小。所以,原子对排列效应对感生磁各向异性的出现有较大影响。

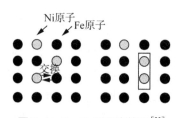

图 5.4　Fe、Ni 原子交换图[22]

合金在适当温度退火时,样品中会产生一个易轴,该轴不仅仅是感生磁各向异性的外磁场方向,它也是样品的磁化方向。当处理温度 T_a($T_a < T_C$)足够高时,合金中的原子平均动能比较大,有利于自身的扩散,在磁场作用下自身的磁矩趋向于磁化方向,当冷却至室温时,原子扩散几乎停止,去掉外磁场,原子对方向有序化将被冻结,宏观上表现为各向异性能 E 的增加,其表达式为:

$$E = K_u \sin^2 \theta \tag{5.1}$$

式中,K_u 为单轴各向异性常数,该数值可通过趋近饱和定律、磁化曲线与轴围成的面积等方法计算或测量;θ 为外磁场方向和内部磁化强度矢量的夹角。

磁场退火感生的单轴各向异性,数值上并不是很大,一般为几百 J/m^3,并且随着合金组成成分的种类增多而增大。感生各向异性随着合金内所含元素种类的增加而增加,对于均匀分布的单质而言,无各向异性。另外,感生各向异性的大小与磁场退火的温度有着密切关系,磁场退火的温度选择得越高,感生各向异性越大。因为温度越高,原子扩散越显著,原子沿外磁场方向的排布越明显,所以其产生的单轴各向异性越大。

　　磁场退火后的合金,在退磁过程中,其磁畴会呈有序排列,组成磁畴的磁矩基本趋于退火过程中的外磁场方向。在加热条件下,各磁畴内的磁矩比较活跃,根据能量最低原理,在外磁场的作用下,磁矩会趋于和外磁场方向一致。当外磁场比较弱时,畴壁内的磁矩会与外磁场方向趋于一致,从而使磁矩与外磁场一致的磁畴面积不断增大,与外磁场方向相异的磁畴面积逐渐缩小,磁畴整体向外磁场方向移动。在外磁场较强时,各磁畴内的磁矩会受迫转向外磁场方向。随着加热温度的逐渐降低,这种畴壁移动或磁矩转动的结果会冻结在材料中。

　　磁场退火后,可能会影响合金内部微观结构的变化,微观结构的变化必然会引起其宏观性质的改变。实验表明,不同方式的磁场退火会使软磁合金的磁滞回线出现不同形式的改变。据有关文献报道,磁场退火会一定程度增大纳米晶合金的晶化体积分数,这样有利于提高纳米晶合金的高温软磁性能[23]。

　　(2) 磁场退火的研究内容

　　目前,磁场退火的主要研究内容有以下几点。

　　①不同磁场退火对合金磁性能的影响

　　磁场退火中感生的单轴各向异性,能调制合金的磁滞回线。横向磁场退火后磁滞回线变得狭长平滑,磁导率趋向恒定。纵向磁场退火后磁滞回线矩形化,磁导率和饱和磁化强度增大,剩磁比增大。旋转磁场退火能有效抑制感生各向异性,减小矫顽力[24]。

　　②磁场退火对合金结构和磁结构的影响

　　退火时,外磁场越大,晶粒有序化程度越高,沿外磁场方向的晶粒间距越小。磁场热处理使原子磁矩向所加磁场方向变化,但排列并不整齐,纵向磁场比横向磁场对非晶原子磁矩变化的影响更为明显[25]。

　　③合金成分对磁场退火效果的影响

　　Al 的加入能使 FeCo 基纳米的磁场退火效果增强;在 FeCo 基纳米合金中,Fe、Co 的原子比为 1∶1 时,磁场退火效果最好;横向磁场退火中,磁性元素种类越多,感生出的单轴各向异性越大。

　　④磁场退火后的 GMI 效应

　　通过研究退火温度对 $Fe_{81}Zr_7Nb_2B_{10}$ 合金结构及巨磁阻抗(GMI)效应的影响,得到如下规律:随外加纵向磁场的增加,低频下该样品的 GMI 效应不断减小,高频下其 GMI 效应先升高达到一个峰值然后减小[26]。

　　⑤磁场退火对纳米晶软磁合金晶化结构和磁畴结构的影响

　　相对于无磁退火,磁场退火起到了细化晶粒大小、加速晶粒成核、增加纳米晶粒数量的作用。磁场退火有利于合金中晶粒间磁交换耦合作用的增强,起到了优化纳米晶软磁合金软磁性能的作用。磁场退火后,磁畴结构发生明显改变,钉扎位消失,磁畴沿外场方向整齐排列,这种方向性排列可以使合金在该方向的磁致伸缩或磁致电阻下降到几乎为零,优化了合金的软磁性能[27]。

⑥磁场退火对非晶合金的磁致伸缩特性影响

铁基非晶合金材料的磁致伸缩随着励磁磁场的变化形成了蝶形的磁致伸缩曲线,经不同磁场退火后磁致伸缩大小不同,在相同的磁场强度下横向磁场退火后磁致伸缩最大,无磁场退火次之,纵向磁场退火后磁致伸缩最小。并且铁基非晶合金铁芯在不同磁场退火后噪音大小也不同,在相同的频率和磁通密度下工作时,横向磁场退火时铁芯噪音最大,无磁场退火次之,纵向磁场退火时噪音最小[28]。

⑦退火温度和磁场强度对合金的组织结构以及性能的影响

经不同温度不同磁场强度退火处理后合金易在枝晶间析出新相,常规退火处理后合金的析出相为短杆状或者岛状,且析出相随机分布在合金基体中。CuCoNiCrFe 高熵合金在 700℃、800℃、900℃下经不同磁场强度退火处理后,其晶体结构仍为 FCC(面心立方晶格)结构;合金的微观组织受退火温度和磁场强度的影响较小;提高退火温度和磁场强度能促进各元素之间的相互扩散,强磁场能促进 Cu 元素向枝晶内扩散,降低 Cu 元素在枝晶间的富集作用,磁场方向能影响各元素的扩散速度,原子垂直于磁场方向的扩散速度高于平行磁场方向的速度;合金的强度随磁场强度的增大而增大;合金的硬度随磁场强度的增大而增大。

⑧脉冲磁场退火对取向硅钢组织及织构的影响

对脉冲磁场处理后的样品进行高温退火,发现脉冲磁场增加了最终成品的晶粒尺寸。经过脉冲磁场退火后样品的偏离角主要分布在 2°到 4°之间,偏离角在 3°以下的晶粒占 67%,减小了高斯织构的偏离角。脉冲磁场退火后样品的磁感应强度比未施加磁场的样品提高了 5%,铁损降低了 26.3%。脉冲磁场退火在一定程度上提高了取向硅钢的磁性能,为提高取向硅钢的整体性能提供了新的研究方向[30]。

5.3.4 磁场氮化

氮化,又称渗氮,是指向钢的表面层渗入氮原子的过程。传统渗氮工艺为向钢件表面渗入活性氮原子形成富氮硬化层的化学热处理工艺,分为液体渗氮、气体渗氮和离子渗氮,按用途可分为强化渗氮和抗蚀渗氮。其原理是在 400℃以上,氨分子在钢表面分解出活性氮原子($2NH_3 = 3H_2 + 2[N]$),氮原子被钢表面吸收,溶入固溶体,与铁和合金元素形成化合物,并向心部扩散,形成一定厚度的渗氮层。渗氮处理只改变材料的组织状态,不会像奥氏体淬火那样发生组织转变,所以在渗氮处理后,冷却过程不用担心材料发生相变生成马氏体。

渗氮处理后材料的优点有:高的硬度和耐磨性;高的疲劳强度;较高的抗咬合性;较好的抗蚀性(水、过热蒸汽及碱溶液);一般畸变小、体积稍胀(有尖角效应);热硬性(600℃下短时硬度不降低)。缺点是:处理周期长、渗层薄而脆;不宜承受太大的接触应力和冲击载荷。若要获得高硬度,需采用含 Cr、Mo、Al 等元素的合金钢,这些元素能与氮形成共格的高弥散度分布的氮化物,具有高硬度,并在550℃下不会聚集长大(一旦聚集长大,硬度会下降)[31]。

实际上,渗氮处理可大大改善材料的性质,但是传统的渗氮工艺处理周期长,并不利于生产。为了克服这一缺点,人们研究了加速氮化的新工艺,主要有感应加热气体氮化、镀钛氮化、超声波氮化等等。随着磁场处理技术的成熟,人们便开始试着在传统渗氮过程中加入磁场,从而诞生了磁场氮化。磁场氮化工艺要求的设备不复杂,造价不高,耗电不多,工艺简单,完全可以广泛应用于生产。

(1)渗氮层组织

渗氮是一种活性氮原子进入钢铁表层的热化学方法。这种扩散过程与氮原子在铁中的固溶度有关,即 Fe-N 平衡相图,它也是渗氮层组织与相结构的重要参考依据。Fe 与 N 可形成以下五种相。

① α 相,以铁素体为基体,氮原子为间隙原子的固溶体,也叫含氮铁素体,其晶体结构为体心立方结构,在590℃时具有最大的固溶度,约为0.1%。

②γ 相,以奥氏体为基体,氮原子为间隙原子的固溶体,也叫含氮奥氏体,其晶体结构为面心立方结构。γ 相在共析温度以上形成,共析点的含氮量为2.35%,650℃时具有最大固溶度2.8%。

③ γ′ 相,以化合物 Fe_4N 为基体的固溶体,其晶体结构为面心立方结构,氮固溶度为5.6%~6.1%,具有铁磁性,硬度高。γ′ 相在680℃以上分解。从磁学性能、密度、耐氧化性来说,γ′-Fe_4N 是一种优异的磁记录介质和磁元感材料,在电子、化工及国防科研领域具有特殊的用途。

④ ε 相,以化合物 $Fe_{2-3}N$ 为基体的固溶体,其晶体为密排六方结构,氮固溶度为4.55%~11%,脆性大,但是硬度高,且耐腐蚀性好。

⑤ ζ 相,以化合物 Fe_2N 为基体的固溶体,其晶体结构为斜方晶体结构,氮固溶度区间为11.1%~11.35%,其脆性大,超过500℃后将发生相变,转变成

ε 相[32]。

(2) 铁氮化合物的制备方法

大多数铁氮化合物都具有良好的强度、硬度以及优异的磁学、电学性能,因此它们被广泛应用于工业生产的各个领域,同时也是磁场渗氮研究所必须要了解的。但其制备方法仍有很多问题需要解决,比如制备工艺周期较长、制备产物纯度不够等。铁氮化合物的制备方法有很多,而且鉴于制备产物种类的差异,有不同的制备工艺。渗氮工艺种类繁多,主要包括气体渗氮、离子渗氮、液体渗氮和其他渗氮新工艺。下面介绍气体渗氮和离子渗氮两种常用的渗氮方法[33]。

①气体渗氮

在活性氮气氛中,钢铁零件在某一温度保温一定时间,使氮原子渗入工件表面的化学热处理过程称为气体渗氮。气体渗氮处理的工件有如下特点:高硬度和高耐磨性;较高的疲劳强度;红硬性和抗腐蚀性;变形小。

气体渗氮是在不完全分解的氨气中进行的,和其他化学热处理过程一样,渗氮过程包括渗氮介质中的反应、气固相界面反应和氮在铁中的扩散等几个过程。渗氮介质中的反应主要指氨气的热分解,其分解产物和未分解的氨通过介质中的扩散同时被输送至铁表面并参与界面反应,在界面反应中产生的原子态氮被铁表面吸收,继而向内部扩散。

②离子渗氮

离子渗氮又称辉光渗氮,是利用辉光放电原理进行的。把金属工件作为阴极放入通有含氮介质的负压容器中,通电后介质中的氮、氢原子被电离,在阴阳两极之间形成等离子区。在等离子区强电场作用下,氮和氢的正离子高速向工件表面轰击。离子的高动能转变为热能,加热工件表面至所需温度。由于离子的轰击,工件表面产生原子溅射,因而得到净化,同时由于吸附和扩散作用,氮渗入工件表面。与一般的气体渗氮相比,离子渗氮的特点是:可适当缩短渗氮周期;渗氮层脆性小;可节约能源和氨的消耗;对不需要渗氮的部分可屏蔽起来,实现局部渗氮;离子轰击有净化表面作用,能去除工件表面钝化膜,可使不锈钢、耐热钢工件直接渗氮;渗层厚度和组织可以控制。

(3) 磁场对氮化的作用

研究表明,在磁场的作用下,钢件表面附近产生了磁畴转动和畴壁位移,增加了交换能和各向异性能,加速了氮原子的扩散;并且在磁场的作用下,钢件表面附近磁化而产生磁致伸缩,增加了应变能,加速了氮原子的扩散;氨离解后,氮离子在磁场的作用下向钢件表面运动,加速了表面吸附过程和扩散过程。故在磁场中进行钢的氮化处理,能明显缩短工艺周期,提高钢表面的含氮量,使表面耐磨性、耐蚀性、抗疲劳性、抗擦伤性及表面硬度大大提高。施加磁场可比纯氨气氮化过程加快 2～3 倍，并排除氮化物层的脆性，当磁场强度为 25～30 Oe 时，加速氮化过程的效果最显著。

（4）磁场下渗氮的机理以及强磁场对氮化物形成的影响

在不同条件下渗氮机理存在着差异，以纯铁渗氮为例，通过改变磁场方向或温度等条件，观察实验结果，了解磁场渗氮的原理以及强磁场对氮化物形成的影响[34]。

每一个铁原子都有一个磁矩，其来源于铁原子中未填满壳层的轨道磁矩和自旋磁矩两部分。但是在 Fe、Co、Ni 这类磁性材料中，电子的外层轨道由于受到晶体场的作用，方向是变动的，不能产生联合磁矩，对外不表现磁性，或者说这些轨道磁矩被冻结。因此，铁原子的磁性只能来源于填满壳层中电子的自旋磁矩。

根据宏德法则得出每个铁原子中未抵消的磁矩为 $\mu_{Sz}=2\times2M_B$。同时利用晶体场理论进行修正计算，得出铁原子的剩余磁矩 $\mu_{Sz}=2.2\,M_B$。

铁是一种铁磁性物质，不施加外磁场时，各个磁畴里的原子磁矩就会在同一个方向排列起来，发生自发磁化。但是这种原子磁矩的有序排列只是区域性的。物质内部各个磁畴的自发磁化取向不同。一个磁畴的体积的数量级约为 $10^{-15}\,m^3$，一个原子的体积数量级仅为 $10^{-30}\,m^3$，因此每个磁畴内可以含有 10^{15} 个原子。

当施加外磁场 $H=12$ T 时，铁已经处于完全磁饱和状态。所有的原子磁矩会沿着磁场方向平行排列，如图 5.5 所示。

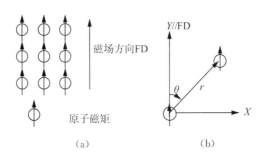

（a）　　　　　　　　　　　（b）

**图 5.5　磁场下原子磁矩沿着磁场方向排列的示意图(a)
及直角坐标系下两个相邻原子磁矩的位置关系(b)[34]**

因此，在相邻的磁偶极子之间存在着磁偶的相互作用。磁矩的方向是沿着外加磁场方向的。

在渗氮过程中，氮原子的扩散是一种间隙扩散，氮原子存在于铁的八面体间隙之中。如图 5.6(a)所示，<100>方向为 Fe 的最易磁化方向。当外加磁场为 12 T，若磁场平行于<100>方向，则磁偶极子会沿着<100>方向平行排列。它们之间相互吸引就会导致八面体间隙在平行于磁场方向伸长，垂直于磁场方向缩短，如图 5.6(b)所示。从而平行于磁场方向氮原子扩散能垒减小，垂直于磁场方向的增加。因此，平行于磁场方向，渗氮过程增强；垂直于磁场方向，渗氮过程受到抑制。

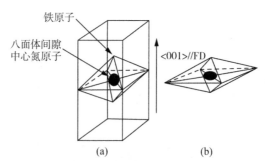

铁原子

八面体间隙
中心氮原子

<001>//FD

(a)　　　(b)

**图 5.6　非磁场下铁的八面体间隙位置(a)和磁场下由于磁偶
极子相互作用导致的变形后的八面体间隙(b)[34]**

（5）强磁场对氮化物的影响

当渗氮方向垂直于磁场方向，渗氮温度为 550℃高温时，强磁场不改变化合物层的相结构，即纯铁在磁场和非磁场渗氮后化合物层相组成均为 ε-$Fe_{2\text{-}3}$N 和 γ'-Fe_4N，但是强磁场下化合物层厚度要稍小于非磁场下的化合物层厚度。在用 X 射线衍射技术分析研究样本时，发现在强磁场下，ε 相的体积分数小于非磁场渗氮样品，即强磁场对 ε 相的生成有抑制作用，同时，强磁场对扩散层中氮化物的析出也有影响。

当渗氮方向垂直于磁场方向，在较低温度（400～500℃）下渗氮，随着温度的降低，纯铁的渗氮能力降低。但强磁场仍然对化合物层中 γ'-Fe_4N 和 ε-$Fe_{2\text{-}3}$N 的生成起抑制作用。

当渗氮方向平行于磁场方向，渗氮过程中所施加强磁场的方向对渗氮结果有影响。在纯铁经 550℃渗氮后的扩散层中，长针状氮化物的析出密度情况为：平行于磁场方向样品的氮化物析出密度最大，其次为无磁场下样品氮化物的析出密度，垂直于磁场方向样品氮化物析出密度最小。

（6）晶界磁化原理

在纯铁中，Σ5 重位晶界的磁矩要大于晶界内部磁矩。同时有实验证明 Ni 基体中也存在相同现象，并且磁矩会随着原子浓度的增加而降低。当施加外磁场时，基体的晶界和内部原子会发生不同的磁化过程。显然，磁化降低了晶界内部与晶界的能量差。在固态相变中,新相形核的位置可能有三种:一是在母相中均匀形核;二是在二维晶界上形核;三是在晶棱及晶角上形核。其中二维晶界、晶棱及晶角各种缺陷中,由于点阵畸变造成畸变能的增加,可以作为扩散和不均匀形核的动力。因此,渗氮过程中,γ'-Fe_4N 会首先在晶界上扩散或形核析出。但是,当磁场降低了晶界内部与晶界的能量后,晶界上弯曲的线性 γ'-Fe_4N 析出的数量相对减少。同时,大量没有在晶界上消耗的多余 N 原子会继续向晶内扩散,形成细小的短针状 γ'-Fe_4N。因此,磁场下,晶内细小 γ'-Fe_4N 的析出密度可能会比非磁场下有所增加,但是增幅不大。

(7) 磁场对于扩散系数的影响

扩散系数取决于跃迁距离和跃迁频率,而跃迁距离与点阵类型和点阵参数有关。由于典型的金属结构倾向于密排,多数金属的跃迁距离差别不大。实际上,迁移频率对于扩散系数的影响比较大。作为粗略的近似,设想跃迁频率 G 正比于扩散原子近邻的位置数 Z、一个近邻位置为空位的概率 P_v 和扩散原子迁入一个空位置的频率 ω。两个独立的过程同时出现的概率是各个概率的乘积,因而跃迁频率可以表示为:

$$G = ZP_v\omega \tag{5.2}$$

最简单的情况是稀薄间隙固溶体中间隙原子的扩散。图 5.7 是简单点阵中间隙原子的扩散示意图:(a) 是正常位置的间隙原子;(b) 是处于势垒的顶点的间隙原子;(c) 是点阵自由能和间隙原子的位置的关系。对于稀薄的 FCC 结构的间隙固溶体,间隙原子近邻的八面体间位置数 Z 为 12,且这些位置可以认为都是空的,所以 $P_v = 1$。间隙原子沿扩散方向的振动频率大部分并不引起原子的迁移,原子迁移的概率取决于从平衡位置移到势垒顶点位置的自由能改变量 ΔG_m 和扩散原子的平均动能 RT。

当施加外磁场 $H = 12$ T 时,铁已经达到了完全磁化的状态。当扩散方向平行于 H,铁基体的磁致有序导致在此方向上铁的八面体间隙增加。因此,此方向铁中八面体扩散间隙增加,氮原子是一种抗磁性原子,而铁原子为铁磁性,因此,两种原子分别在磁场中磁化后,二者的磁偶极子必然会互相排斥。铁原子和氮原子的磁性能不同必然会导致自由能改变量在一定程度上增加。但是,由于抗磁性物质的磁化率在 10^{-5} 数量级(一般都很小),因此这种作用微弱。综上,这两种相反作用的结果在一定程度上相互抵消一小部分,最终导致扩散方向平行于 H 情况下,磁场促进氮原子的扩散过程。当扩散方向垂直于 H,铁基体的磁致有序导致在此方向上铁的八面体间隙减小,因此一定程度上增加了 ΔG_m。

同时,氮原子和铁原子磁性相反也导致了 ΔG_m 的增加。因此两个因素共同导致扩散方向垂直于 H 情况下,磁场强烈抑制了氮原子的扩散过程。

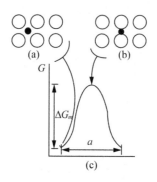

图 5.7 间隙原子扩散示意图[34]

氮化处理的特殊性在于氮化后的材料性质与活性氮原子的扩散有很大关系,故接下来深入讨论氮原子的扩散。

研究表明,在氮化介质(如氨)保证充足的情况下,氮化炉内气体中的氮具有足够高的活度,经过表面向内部扩散,扩散的驱动力是扩散组元的化学势梯度。在氮化过程中施加外磁场,使钢件磁化,由于内外磁化程度不均匀,引起结构的变化,出现自由能的变化,从而加速了氮化过程。

当施加外磁场时,铁磁性中磁畴的自发磁化方向发生改变,体积也发生改变,称为磁畴转动和畴壁位移。畴壁位移使自发磁化方向与外磁场方向相一致的磁畴体积扩大,使自发磁化方向与外磁场方向相反的磁畴体积缩小。磁畴转动使磁畴的自发磁化方向偏离其易磁化方向而转向外磁场的方向。当外磁场的磁能尚小于晶能时,畴壁就已经能产生较明显的移动,而磁畴的转动很小,忽略不计,逐渐增大外磁场,磁畴的转动开始明显。

铁质材料存在磁畴,是由于这能使系统能量处于最小值,系统处于稳定状态。当施加磁场,磁畴自发磁化方向和体积都改变了,系统的能量增大,稳定状态被破坏。

磁致伸缩现象提供了磁性和力学性质的耦合,即在磁化方向上材料出现伸长或缩短,其对应关系是施加应力可以使材料磁化状态改变,磁化状态的改变会导致材料产生弹性形变和塑性形变。磁场中进行氮化处理,试样被磁化部分将出现磁致伸缩,因而产生形变,导致应变能增大。根据资料推导得到应变能的计算式如下:

$$W_0 = (\sigma_x \varepsilon_x + \sigma_y \varepsilon_y + \sigma_z \varepsilon_z + \tau_{xy} \gamma_{xy} + \tau_{yz} \gamma_{yz} + \tau_{zx} \gamma_{zx})/2 \qquad (5.3)$$

式中，W_0 是单位体积内的应变能；σ_x、σ_y、σ_z、τ_{xy}、τ_{yz}、τ_{zx} 是六个应力分量；ε_x、ε_y、ε_z、γ_{xy}、γ_{yz}、γ_{zx} 是六个应变分量。

此外，磁致伸缩还将使材料中产生大量晶格缺陷，这也有助于加速氮原子的迁移。在磁场的作用下，试样磁化，由于磁畴转动、畴壁位移以及磁致伸缩而增大了能量。同时值得注意的是，磁场氮化过程中，采用交变电流激磁，试样中将因此而产生涡电流。在感应的改变速度较大时，材料内部被证实不再有磁场。

由此可知，氮化炉中的钢试样，从表面到心部，涡流的分布是不均匀的，磁化的程度也是不均匀的，表面磁化程度最明显，表面和内部产生了较大的化学势梯度，因此加速了表面上的氮原子向体内的扩散。磁场中氮化的工件具有较高温度，可作为内热源，氨在接近时可以产生离解。氮离子在垂直于磁场方向的平面上做圆周运动，并朝着试件表面运动，这使更多氮原子吸附于表面，从而也助使氮原子向体内扩散。

简而言之，在磁场中进行钢的氮化处理，能明显缩短工艺周期，能明显提高钢表面的含氮量，使表面耐磨性、耐蚀性、抗疲劳性、抗擦伤性及硬度大大提高，其原因主要是：①在磁场的作用下，钢件表面附近产生了磁畴转动和畴壁位移，增加了交换能和各向异性能，加速了氮原子的扩散；②在磁场的作用下，钢件表面附近磁化而产生磁致伸缩，增加了应变能，加速了氮原子的扩散；③氨离解后，氮离子在磁场的作用下向钢件表面运动，加速了表面吸附过程和扩散过程。磁场氮化工艺要求的设备不复杂，造价不高，耗电不多，工艺简单，完全可以广泛应用于生产[35]。

参考文献

[1] 袁涛. 磁场热处理对磁性材料性能的影响[D]. 兰州：兰州大学，2011：1-2.

[2] 孙中继. 磁场热处理简介[J]. 国外金属热处理，1986，7(3)：15.

[3] 魏武成. 不锈钢综片材料磁场淬火强化新工艺的研究[D]. 上海：东华大学，2006：6-7.

[4] 精密合金专业磁场热处理科研组. 磁场热处理对软磁合金性能影响的某些研究——Ⅰ横向磁场热处理对 Ni-Fe 合金损耗的影响[J]. 东北工学院学报[现刊名：东北大学学报(自然科学版)]，1977(1)：19-34.

[5] 刘志强，赵慧丽，郑喜平，等. 淬火冷却技术的发展及应用[J]. 热加工工艺，2014，43(18)：26.

[6] 孙忠继. 磁场热处理及其应用和发展前景[J]. 热处理，2004，19(4)：17.

［7］孙中继. 磁场淬火工艺及设备［J］. 模具工业,1990(3):49-50

［8］管鄂. 磁场淬火原理与应用［J］. 新技术新工艺,1986(3):9-11+13.

［9］李自良. 磁场淬火过程热弹塑性本构方程研究及其数值模拟［D］. 昆明:昆明理工大学,2002:8-10.

［10］冀丙青. 马氏体淬火用等温分级淬火油的研制与性能研究［D］. 上海:上海交通大学,2015:3-5.

［11］刘志强,赵慧丽,郑喜平,等. 淬火冷却技术的发展及应用［J］. 热加工工艺,2014,43(18):27.

［12］孙忠继. 磁场热处理及其应用和发展前景［J］. 热处理,2004,19(4):18.

［13］刘志强,赵慧丽,郑喜平,等. 淬火冷却技术的发展及应用［J］. 热加工工艺,2014,43(18):26-27.

［14］魏武成. 不锈钢综片材料磁场淬火强化新工艺的研究［D］. 上海:东华大学,2006:56-61.

［15］孙忠继. 磁场热处理及其应用和发展前景［J］. 热处理,2004,19(4):18-19.

［16］许伯钧,谷南驹,阎殿然,等. 低、中强度脉冲磁场回火对高速钢的组织和性能的影响［J］. 金属学报,1989,25(5):A352-A358.

［17］张晶晶. 稳恒强磁场对 Fe-0.28%C-3.0%Mo 合金中回火过程中碳化物析出的影响［D］. 武汉:武汉科技大学,2010:30-52.

［18］佟璐. 强磁场对 W6Mo5Cr4V2 高速钢回火过程中 M_6C 型碳化物析出行为的影响［D］. 沈阳:东北大学,2014:22-47.

［19］史瑞民. 纳米晶软磁合金磁场退火效应研究进展［J］. 热处理技术与装备,2021,42(3):58.

［20］周龙. 磁场退火对非晶及纳米晶合金软磁性能的影响［D］. 天津:天津大学,2010:9-10.

［21］湛永钟,潘燕芳,黄金芳,等. 软磁材料应用研究进展［J］. 广西科学,2015,22(5):467-472.

［22］张浩. 磁场退火对软磁材料结构与性能的影响［D］. 天津:天津大学,2014:3-4.

［23］温转萍. 纵向磁场退火对 FeCo 基双相纳米晶合金软磁特性的影响［D］. 天津:天津大学,2013.

［24］郭世海,张羊换,王煜,等. 横向磁场热处理对高饱和磁感应强度 Fe 基非晶磁性能的影响［J］. 磁性材料及器件,2009,40(3):38-40+45.

［25］李士,李国栋,李德新,等. 磁场热处理对非晶合金 FeBSiC 的影响及穆斯堡

尔谱[J].磁性材料及器件,1987(4):1-6.

[26] 孙亚明,王彪,于万秋,等.热处理对 $Fe_{81}Zr_7Nb_2B_{10}$ 合金的结构及巨磁阻抗效应的影响[J].吉林师范大学学报(自然科学版),2009,30(1):85-87.

[27] 史瑞民.纳米晶软磁合金磁场退火效应研究进展[J].热处理技术与装备,2021,42(3):59-61.

[28] 李山红,李立军,李德仁,等.磁场退火对 $Fe_{80}Si_9B_{11}$ 非晶合金的磁致伸缩特性影响[J].钢铁研究学报,2019,31(9):854-858.

[29] 吴兴财.高熵合金在强磁场中退火过程的研究[D].沈阳:沈阳理工大学,2013:52-65.

[30] 张思雨.脉冲磁场退火对取向硅钢组织及织构的影响[D].包头:内蒙古科技大学,2019:43-47.

[31] 薄鑫涛.渗氮工艺基本原理及特点[J].热处理,2020,35(6):14.

[32] 杨文进.低压电弧等离子体渗氮奥氏体不锈钢的研究[D].合肥:中国科学技术大学,2017.

[33] 孟庆琳.强磁场下渗氮及机械合金化法制备氮化物研究[D].沈阳:东北大学,2008:3-7.

[34] 孟庆琳.强磁场下渗氮及机械合金化法制备氮化物研究[D].沈阳:东北大学,2008:23-41.

[35] 韦怀忠.磁场氮化的理论分析[J].柳州职业技术学院学报,2001,1(1):74-81.

第六章 强磁场对金属相变的影响

6.1 概述

金属材料的性能,尤其是合金的性能是由其组成相的成分、结构、形态所决定的,因此,了解和掌握合金的相结构及其性能是非常重要的。机械工程材料、材料力学的教材对此已有相当充分的介绍,但金属合金的相结构在磁场,特别是强磁场下有怎样的性质,以及强磁场处理后与常规处理后的结构有何不同等还没有系统全面的介绍,而强磁场作为极端条件下的处理方式,对以上问题展开研究是有必要的。故本章将探讨强磁场对金属相变的影响。

合金中具有同一化学成分且结构相同的均匀部分叫作相。合金中相与相之间具有明显的界面。液态合金通常都为单相液体;合金在固态下,由一个固态相(简称固相)组成时称为单相合金,由两个及以上固相组成时称为多相合金。由于组分间相互作用不同,固态合金的相结构可分为固溶体和金属化合物两种。其中,在金属材料的相结构中,碳钢中碳原子融入 α-Fe 的固溶体称为铁素体,铁素体的强度、硬度不高,但是具有良好的塑性和韧性;碳钢中碳原子融入 γ-Fe 的固溶体称为奥氏体,奥氏体的硬度较低而塑性较高,易于锻压成型。在碳钢中,由铁原子和碳原子组成的金属化合物称为渗碳体。渗碳体是碳钢中的强化相,它的形态与分布对钢的性能有很大影响。在一定温度下,奥氏体将在恒温下同时析出由铁素体和渗碳体组成的细密混合物,这种由一定成分的固相在一定温度下同时析出成分不同的两种固相的转变,称为共析转变。在共析碳钢的过冷奥氏体等温转变中,高温转变得到的转化物称为珠光体。珠光体的片层间距越小,相界面越多,塑性变形抗力越大,故强度和硬度越高;同时,片层越小,渗碳体片越薄,越容易随同铁素体一起变形而不脆断,所以塑性和韧性也逐渐变小。在共析碳钢的过冷奥氏体等温转变中,中温转变后的产物称为贝氏体(可分为上贝氏体和下贝氏体)。上贝氏体强度小,塑性变形抗力低,而下贝氏体不仅具有高的强度、硬度和耐磨性,同时还具有良好的塑性和韧性。在共析碳钢的过冷奥氏体等温转变中,低温转变后的转变产物称为马氏体。马氏体的硬度和强度主要取决于马氏体的含碳量,随着含碳量的增高,其强度和硬度也随之升高;马氏体的塑性和韧性也与含碳量有密切关系,一般来说,低含碳量的马氏体具有良好的塑性和韧性。

　　相在一定条件(温度、压强等)下是均匀的,这些均匀部分的化学成分和结构相同。但当外部刺激,比如温度、压强、电场或磁场等连续变化达到一个临界值时,就会出现相变。其实,相变是发生在物质内不同的相之间的一个相互转变,其强调了物质形态的突变。相变表现的形式多种多样,大致可以归结为几类:①物质系统内部的结构变化,比如自然界中常见的固、液、气三相之间的相互转化;②物质中某些有序结构的变化,比如顺电体与铁电体之间的相互转变、顺磁体与铁磁体之间的相互转变等也会导致该物质的物理性质发生突变,这种突变经常会导致物质内部某种长程有序结构消失或出现;③构成物质的某一种原子或电子在局域态和扩展态之间的相互转变,比如液态和玻璃态之间的相互转变以及非金属和金属之间的相互转变等;④物质的化学成分突然出现不连续的改变。其实,物质发生的相变非常复杂,可能是一种也可能是多种相变复合在一起。相变通常伴随着多种物理性质和化学性质的变化,人们可以根据这些相变现象进行研究,也可以通过调控相变来控制材料的特性[1]。

　　磁场(特别是强磁场)也是一个重要的热力学参数。磁场具有大能量、无接触和稳定的特点,特别是强磁场能将高强度的磁能无接触地传递到物质的原子尺度,改变原子的排列、迁移和匹配等行为,从而对材料的组织形貌及形态产生巨大的影响,改变材料的内能,进而影响相变温度和相变过程。在已有的研究中,许多工作探索了磁场对固态相变的影响。其中,奥氏体至马氏体的转变是固态相变的代表,在奥氏体向马氏体转变的过程中,由于铁磁性的马氏体与顺磁性的奥氏体相比具有较高的磁化强度,当施加磁场时,其吉布斯自由能将会大大降低,而顺磁性的奥氏体的吉布斯自由能在磁场下则降低较少,因此具有铁磁性的马氏体在磁场下变得更稳定[2]。

6.2 金属相变及磁热力学

相变的种类有很多,传统的分类方法是将相变分为固态相变和液固相变。液固相变均为有核相变,而固态相变存在有核相变与无核相变两种。有核相变又分为扩散型相变和无扩散型相变,还可分为均匀形核与非均匀形核。

6.2.1 固态相变

当外部条件(温度、压强、磁场或电场)改变时,金属或合金、陶瓷等固态材料的内部成分或结构发生变化的现象,被称为"固态相变"。相变前和相变后的相分别为母相(旧相)和新相(相变产物)。新相和旧相之间存在着一定的差异。这些差异主要体现在晶体结构、化学成分、应变能、界面能等方面,或者几种差异兼有。固态相变发生的过程总是相同的,即固态相变以最快的速度并且以最小的阻力沿着能量降低的方向进行。相变终态可能有差别,但是最后存在的新相最适合结构环境。固态相变包含以下几个特征。

①相变驱动力是新相和母相之间的自由能之差,其来自点、线、面等各种晶体缺陷的储存能。储存能大小排列顺序为:面缺陷>线缺陷>点缺陷。

②相变势垒是晶格改组过程中必须克服的晶格原子之间的吸引力。相变势垒与激活能和外加应力有紧密关系。固态相变必须要克服相变势垒。

③相变阻力是界面能和弹性应变能。界面能提供能量大小的排列顺序为:界隅>界棱>界面。弹性应变能与新相和母相的弹性模量、比容差以及新相的几何形状有关。

④形核与长大过程:固态相变绝大多数都要经过形核过程以及长大过程。先是形核过程,即在母相中形成核胚(包含少部分的新相成分和结构)。当核胚尺寸高于临界值,核胚就会自发长大,形成新相的晶核。新相晶核长大的机制随固态相变类型不同而不同。比如,由于马氏体相变中新相和母相具有相同的成分,所以,新相晶核长大只需要界面附近的原子短程扩散或者不扩散就可以进行[3]。

金属由液态转变为固态的过程称为凝固,由于凝固后的固态金属通常是晶体,所以这一转变过程也叫结晶。这一过程通常要经历两个步骤:成核和生长。成核是在过饱和溶液中生成一定数量的晶核;在晶核的基础上生长为固体或晶体,则为生长[4]。凝固是固液相变的重要研究对象。在金属相变中,凝固是最常见的相变,凝固过程涉及传热、传质、形貌转变等过程,磁场对这些物理化学过程的修正无疑会对凝固过程产生重要的影响。

6.2.2　金属相变分析

（1）同素异晶转变与多形性转变

金属的同素异晶转变是指某些金属,在固态下随温度和压力的改变由一种晶体结构转变成另一种晶体结构的过程。这种过程与液态金属的结晶过程相似,实质上它是一个重结晶过程,因此同样遵循着结晶的一般规律,转变过程也是通过晶核的形成和生长来完成的。该过程有一定的转变温度,转变时需要过冷或过热。晶格的改变,导致晶格致密度的改变,从而引起晶体体积的变化,往往使转变产生较大内应力。

多形性转变是针对固溶体合金而言的。固溶体合金由于温度和压力的改变所发生的多形性转变,其特点与同素异晶转变相似。

（2）脱溶转变和调幅分解

从过饱和固溶体中析出第二相或形成溶质原子富集的亚稳定区等过渡相的过程,即为脱溶。凡有固溶度变化的合金从单相区进入两相区时都会发生脱溶。它可发生冷却过程甚至加热过程。脱溶相取决于发生脱溶的条件。在同一合金中,可同时有连续脱溶和不连续脱溶,但沉淀相通常是不同的。连续脱溶,沉淀相与母相有一定的位向关系,沉淀相受母相的约束。不连续脱溶,转变区域与未转变区有明显的分界,溶质浓度在分界处发生突变。不论哪种脱溶,都有形核和晶核长大的过程。连续脱溶是依靠溶质原子的长程扩散来长大的,而不连续脱溶是借沿着晶胞与基体之间的非共格界面做快速的短程扩散来长大的。

调幅分解是指固溶体分解成结构相同而成分不同的两相,即一部分是溶质原子的富集区,另一部分是溶质原子的贫化区。调幅分解不需要形核过程,但受原子扩散的控制。调幅分解过程开始阶段出现较小的成分波动,通过溶质原子从低浓度区向高浓度区进行上坡扩散,使富集区的浓度进一步富化,其周围的贫化区浓度进一步贫化逐渐形成调幅结构。

（3）共析转变和包析转变

共析转变是指一相经过共析分解成结构不同的两相的过程。由于转变是在固态下进行的,原子扩散缓慢,转变速度低。其转变也有形核和长大的过程。由于是同时生成两种不同相,所以新生相必然有一个是领先形核,然后在它周围形成另一相,交替形核,长大过程是通过组元原子在其前沿交互扩散而同时向前生长来完成的。

与共析转变相反,包析转变是指不同结构的两个固相,经包析转变成为另一固相的过程,如 Ag-Al 合金中的 α＋γ→β。包析转变也是形核和晶核长大的过程,所产生的 β 相是依附于已有的 α 相表面并依靠消耗 α 相而生长的。通常是包围在 α 相的外面,这样就使 α 相和 γ 相中的原子不能直接交换,而必须通过在 β 相中的扩散来传递。由于扩散困难,转变速度低,所以转变一般不能进行到底,组织中有 α 相残余,且 β 相本身成分也不均匀[5]。

6.2.3 金属固液相变原理

在凝固过程中,吉布斯自由能的大小会决定金属相所处的状态。当金属的液态处于较高能态,而其固态处于较低能态时,系统就会自发地向能量较低的状态转变。固、液态的吉布斯自由能和温度的关系如图 6.1 所示。

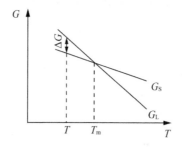

图 6.1 固、液态的吉布斯自由能和温度的关系曲线[6]

根据图 6.1,当温度为 T 时,如果设定固、液两相的自由能分别为 G_S 和 G_L,则:

$$G_S = H_S - TS_S \tag{6.1}$$

$$G_L = H_L - TS_L \tag{6.2}$$

式中,H_S 为固相热焓;H_L 液相热焓;S_S 为固相状态熵;S_L 为液相状态熵。

(1) 均匀形核

在一定的过冷度下,如果用 G_0 表示某一给定体积液相的自由能,而当液体中的部分原子团转变为一个稳定的晶核时,设系统的自由能为 G_1,晶核的体积为 V_S,面积为 A_{SL},剩余的液体体积为 V_L,它们的数值关系为:

$$G_0 = (V_S + V_L) \cdot G_V^L \tag{6.3}$$

$$G_1 = V_S \cdot G_V^S + V_L \cdot G_V^L + A_{SL} \cdot \gamma_{SL} \tag{6.4}$$

式中,G_V^S 为单位体积的固体的吉布斯自由能;G_V^L 为单位体积的液体的吉布斯自由能；γ_{SL} 为固液之间的界面能。

此时，系统的自由能变化为：

$$\Delta G = G_1 - G_0 \tag{6.5}$$

（2）非均匀形核

金属在发生相变时，均匀形核只是一种理想的过程，实际上，在液体的内部或是在盛放的容器壁上存杂质，固相晶核更容易在这些杂质基底的界面上形成。非均匀形核时，系统的吉布斯自由能变化 $\Delta G_{\#}$ 为：

$$\Delta G_{\#} = -V_S \cdot \Delta G_V + A_{SL} \cdot \gamma_{SL} + A_{SM}(\gamma_{SM} - \gamma_{LM}) \tag{6.6}$$

式中，V_S 为固相晶核的体积；A_{SL} 为晶核与液相间的表面积；A_{SM} 为晶核与基底间的面积；γ_{SL}、γ_{SM}、γ_{LM} 分别为固相与液相、固相与基底、液相与基底的比界面能[6]。

6.2.4 无磁场下的相变动力学

在某一温度下，母相能否向新相转变，主要取决于两相吉布斯自由能的相对大小，两相之间的自由能之差称为相变驱动力。对于铁基合金，当温度低于 α/γ 相转变点时，α 相的自由能低于 γ 相的自由能，γ 相变得不稳定，通过向自由能较低的 α 相转变，消耗了相变驱动力，使整个体系自由能最低。

虽然在母相 γ 相中存在相变驱动力，但是能否生成新相，首先要克服新相的形核势垒，也就是说母相中的相变驱动力是否大于新相的形核驱动力是新相形成的先决条件。在新相形核之前，母相中存在大量结构和成分与新相相同或相近的原子集团，称为晶胚。这些晶胚在新相形成的同时会形成新的界面，从而产生界面能，阻碍相变的进行。在形核过程中，应变能的存在会阻碍原子的扩散，从而阻碍相变的进行。

如果将由于温度降低而产生的母相与新相之间的自由能差称为体积自由能变化，那么体积自由能变化就为相变驱动力，而界面能则为相变阻力，因此相变前后整个体系自由能变化应为两者的代数和[7]。

6.2.5 磁热力学效应

磁场能磁化置于其中的物质，使其吉布斯自由能发生变化。物质的单位体积磁自由能 G_M 可由下式表示：

$$dG_M = -MdB \tag{6.7}$$

式中,G_M 为单位体积磁吉布斯自由能;B 为磁感应强度。

在相变过程中,当新相和母相之间的磁吉布斯自由能存在差异时,相变总是朝着磁自由能降低的方向进行,这便是磁热力学效应[8]。

(1) 磁场诱发相变热力学分析

外应力导致相变温度的变化是一种普遍的现象,如果将应力作为一个独立的变量来处理,根据热力学定律进行分析,可以推导出应力与相变点的具体关系。根据热力学第一、第二定律,假设当长度为 l 的试样受到一个大小为 F 的外力作用,则其自由能 G 的表达式中将增加一项 Fl。对于磁场诱发相变,如果把外磁场作为一个独立的状态变量来处理,根据热力学定律进行分析可以得出外加磁场 H 与相变点的关系,即在外磁场作用下一级相变方程为:

$$\frac{\mathrm{d}H}{\mathrm{d}T} = \frac{\Delta h^{\mathrm{L \to H}}}{T_0(H)\Delta \delta^{\mathrm{L \to H}}} \tag{6.8}$$

式中,H 为施加的外磁场强度;$\Delta h^{\mathrm{L \to H}}$ 为相变焓;$T_0(H)$ 为在外磁场 H 作用下的平衡温度;$\Delta \delta^{\mathrm{L \to H}}$ 为低温和高温的饱和磁矩差。由上式可以看出,如果在相变的过程中前后两相存在饱和磁矩差,施加磁场后必然导致相变点的变化。合金中由于高温相和低温相饱和磁矩的不同,施加磁场后会影响到从低温相向高温相转变或从高温相向低温相转变的包晶相变点[9]。

(2) 磁自由能的计算

磁性材料的磁自由能包括静磁能、退磁场能、磁晶各向异性能、磁弹性能和交换能等多种形式,很难根据它们的定义计算出所有的能量。然而,磁场被视为热力学参数,磁场会对电子自旋所产生的磁矩产生影响,从而影响磁热容,进而影响磁吉布斯自由能的变化。这种磁吉布斯自由能对固态相变的影响最大。

磁吉布斯自由能是温度和磁场强度的函数。其公式为:

$$\Delta G_m(T,B) = \Delta H_m(T,B) - T\Delta S_m(T,B) \tag{6.9}$$

式中,$\Delta G_m(T,B)$ 是热力学磁吉布斯自由能;$\Delta H_m(T,B)$ 是磁热焓;$\Delta S_m(T,B)$ 是磁热熵;T 是热力学温度;B 是磁感应强度[10]。

6.3　磁场下相变的测定方法

相变还可以分为一级相变和二级相变,在现有的研究中,对一级相变的研究较多。由于一级相变过程伴随着熵及体积的不连续变化,因此,相变时会产生相变潜热。此外,在相变过程中磁化率将发生突变,物质在梯度磁场中受到的磁力也会发生相应的突变。根据这些原理,测定磁场下的相变已经衍生出了许多不同的方法。

（1）直接测温法

直接测温法是利用热电偶记录试样在匀速升温或降温过程中的温度曲线。当有相变发生时,温度曲线偏离原来的线性关系;当相变结束时,温度曲线又恢复成线性。

一般定义偏离直线时的起始点为相变的开始,通过比较起始点的差异获得磁场对相变点的影响。在早期的研究中,由于技术条件的限制,直接测温法因简单实用而被普遍采用。但是,这种方法一般是将热电偶与试样直接接触,对热电偶和试样都会产生不同程度的污染。并且在很多情况下,温度曲线上的相变起始点不明显,由此获得的结果误差较大。在精密的测量实验中,几乎已经不再采用这种方法。

（2）热分析法

热分析法是一种广泛用于检测相变的方法,它同样可以应用于磁场下相变的测定。在物理领域,虽然一些仪器能够测定物质在磁场下低温范围的一些相变参数,如比热、熔点,但是在室温下乃至高温范围仍然缺少磁场下可用的热分析仪器。因此,人们一直在努力尝试将热分析法应用到强磁场下。至今,研究者们已经用热分析法研究了纯铁在磁场下的相变动力学,结果表明磁场能够影响相变动力学及相变温度。也有研究者根据差热分析的基本原理,设计了适合强磁体的差热分析装置,该装置已经成功用于测定磁场下金属体系的熔化、凝固过程。如果说差热分析法可以定性或半定量地研究磁场下的相变,那么差示扫描量热仪则能精确地测定相变的参数。此外,人们还设计了一种强磁场下的高精度、高灵敏的差示扫描量热仪,并且已经成功地测定了多种低熔点物质在磁场下的相变。

（3）电阻法

电阻法是利用两相不同的电阻率来判定相变是否发生的一种方法。一般要求将试样加工成条形或矩形,然后采用阴探针法测定试样在不同条件下电阻率随温度的变化。

（4）热膨胀法

这是根据热膨胀原理提出的一种新的测定磁场下固态相变的实验方法,它可以用来实时监控固态相变的进行过程。试样因相变引起体积膨胀或收缩所产生的位移可用激光干涉仪检测,其位移分辨精度可以达到 $0.1~\mu m$。

（5）受力法

当物质发生相变时,母相和新相的磁化率一般会发生变化,物质在梯度磁场下受到的磁力也会发生改变。因此,通过测量物质的磁化率以及磁力的变化也可以检测相变是否发生。物质磁化率的测量有很多种方法。如利用磁化率的变化侦测磁场对相变的影响,也可以用振动试样磁强计、超导量子干涉仪测量磁化率的变化[11]。

6.4　强磁场下的金属相变

6.4.1　磁场下的金属相变简介

一般来说,相变过程由相变热力学和相变动力学控制,在热力学中,相吉布斯自由能决定该相的稳定性,吉布斯自由能越小,该相的稳定性就越好,在一定条件下越不容易发生变化。由于各相磁化率及介电常数不同,在相变过程中施加磁场会影响各相的吉布斯自由能的大小,进而影响相的稳定性。磁场可以影响电子密度分布,电子密度变化又会影响费米面变化,由于和费米面的相互作用,提供电子最低能量状态的布里渊区形状发生变化,从而导致晶体结构的变化。磁场也会影响相变动力学,改变具有不同磁性能相的生成形貌。例如金属在固态相变前,在外磁场作用下,原子间距会发生变化,原子间距变化与一定的晶格取向有关,即磁场使晶格中不同晶相上原子间距发生的变化不同。由此可认为金属在外磁场作用下由顺磁性转变为铁磁性时,金属晶格在不同晶相上原子间距发生了不同的变化,从而导致晶格畸变,产生晶格畸变能。在外磁场作用下,金属由于晶格畸变,内部畸变能变大,相变驱动力增大;固态相变又容易在晶格畸变区形核,两种因素共同作用使固态相变形核率增大,细化组织[12]。

磁场的施加引入了磁自由能,极有可能改变热力学平衡。对于相变来说,母相之间磁各向异性磁化率不同,磁场对各相的作用力也不同,导致了磁场下各相的吉布斯自由能变化量不同,这会影响晶粒的形核、长大以及位置取向,改变晶相的组织排列和稳定性[13]。

磁场通过多种效应能改变材料的相变热力学和动力学条件,从而改变其最终的组织结构和性能。自从磁场引入材料制备过程中以来,磁场对相变的影响一直是研究的热点。在现有研究中,已有大量的文献报道了磁场对相变的影响,既有磁场下铁磁性物质相变的研究,也有磁场下非磁性物质相变的研究。前一类研究较多,因为磁矩、磁晶各向异性、磁致伸缩等都会显著地影响新相的形核与生长、相变动力学及微观组织。

物质按磁性可分为铁磁性、顺磁性和抗磁性等物质。磁场对不同磁性物质相变的影响很大程度上取决于磁化强度。一般而言,低强度的磁场能影响铁磁性物质的相变温度、相变速度以及组织结构,而对于顺磁性或抗磁性物质,磁场对其热力学参数的影响相对较弱。但是在强磁场条件下,非磁性物质的相变参数会发生可测量的变化,组织结构也会发生明显改变[14]。

从材料的角度出发,磁场以无接触方式可将高强度能量传递到物质的原子尺度,使物质受到磁化力以及洛伦兹力,改变原子的排列、匹配与迁移等行为,在母相与新相之间引起原子体积和磁矩的一些重大改变,从而强烈地影响液固或固态相变的热力学与转变动力学条件、相变产物的晶体学取向及大小,且通过磁晶各向异性、形状磁各向异性、感应磁各向异性和磁致伸缩等影响相变产物的形核、长大、组织形态及分布[15]。

磁场下的相变研究有着重要的作用,尤其是随着科学技术的进步和社会需求,强磁场下的相变研究有着更为重要的意义。强磁场对金属结晶和固态相变的影响规律是强磁场下相变研究的热点,这是因为金属凝固等结晶相变过程是基本的物理现象,又是材料制备的基本手段,通过强磁场影响结晶和相变过程,将会大大改善材料的性能并实现特殊材料的制备。同时,该方向的研究将揭示很多基本物理规律和现象,加深人们的认识,由此发展出重大的新技术。例如:利用强磁场有望在共晶合金中诱生增强纤维,从而制得金属基复合材料;利用强磁场可导致合金中组元上坡扩散,能制备梯度功能材料;综合强磁场的悬浮功能和控制结晶功能,有可能制备出大块非金属以及特殊磁性材料;利用磁场影响相变的规律来控制相变过程和类型等。

总之,研究磁场下相变过程的物理机制,从本质上澄清微观过程和影响规律,一方面可以为相变原理提供重要的基础研究资料和理论贡献,另一方面可对材料制备与应用给予指导,产生一定的社会效益和经济效益[16]。

6.4.2　对固态相变的影响

强磁场在材料处理中的应用主要是将强磁场施加于金属材料的固态相变中,利用新旧两相间的磁性能的差异引起磁化强度的差异,磁场就有可能改变相变的温度,以及相变组织的形态和尺寸等。

金属材料的电磁固态相变过程研究主要包括扩散、回复、再结晶、第二相固溶、相转变(铁素体、珠光体、贝氏体、马氏体)及其逆相变、时效析出、析出有序—无序相变、非晶态的结晶化等,所适用材料则涉及磁性材料和非磁性材料,所采用的电磁场包括直流磁场、交流磁场、脉冲磁场等[17]。

固态相变极易受到外界因素的影响。磁场作为一种外部影响因素,对于涉及顺磁性相向铁磁性相的转变,由于相变过程中顺磁性母相和铁磁性新相的磁矩、磁晶各向异性和磁致伸缩等不完全相同,会造成与新旧相间晶体学取向相关的能量差异并对相变构成影响。因此,磁场作用下固态相变的诱发、组织演变过程、热力学、动力学及晶体学等方面的理论研究具有重要的实际意义。利用磁场可以调控金属材料固态相变过程中晶体的形核及生长,进而影响微观组织的形貌、大小、分布和取向等,最终很大程度上会影响材料的力学性能和物理性能。

磁场对固态相变的诱发作用主要表现为提高相变温度或缩短相变孕育期,外场对相变产物的形核及生长机制一直是固态相变研究的重点。由于固态相变(马氏体相变、贝氏体相变及珠光体相变)中都涉及过冷奥氏体向铁素体的转变,三种相变产物中均存在着铁磁性相的成分,即过饱和的 α' 相、贝氏体铁素体及珠光体铁素体(PF)。从磁学的角度上讲,也就是均涉及由顺磁性母相向铁磁性新相的转变过程。对于有核相变而言,固态晶体结构中存在大量的晶体缺陷可供形核,因此固态介质在结构组织方面先天的不均匀性决定了固态相变主要依靠非均匀形核方式,即在母相中的晶界、位错及空位等晶体缺陷处进行形核,晶体缺陷造成的能量升高可使晶核形成能降低。大部分固态相变的晶核长大是依靠扩散进行的,但也有全部或部分依靠切变来完成。对于扩散型相变,新相的长大又分为界面扩散和扩散控制两种过程。前者是通过相界附近原子的短程迁移进行,如多形性转变、再结晶时的晶粒长大和有序—无序相变;而后者主要依靠原子的长程扩散来完成,如脱溶相的长大等[18]。

6.4.3　强磁场对无扩散型相变的影响

无扩散型相变即结构相变,由于结构相变涉及原子的协同运作,因此,会明显受到外力的影响,如流体静压力和磁场等。

(1) 磁场对马氏体相变的影响

马氏体相变是典型的无扩散型相变,它的定义为替换原子经无扩散切变位移并由此产生形状改变和表面浮突,呈不变平面应变特性的一级、形核、长大型相变[19]。

(2) 磁场对马氏体转变点(M_s)及转变动力学的影响

磁场对马氏体的影响主要是改变 M_s 和影响马氏体的转变动力学。马氏体相变能赋予材料优异的技术特性及物理机械性能。以马氏体为主要组织的钢材力学性能非常优异,在现场使用过程中马氏体组织随着使用的过程发生回复,在基体中会析出碳化物,转变为亚晶结构。马氏体相变发生在外加磁场的情况下,马氏体的磁化强度会被加强,其吉布斯自由能会被降低,从而加速母相奥氏体的转变。顺磁性的奥氏体由于磁性较低,具有较低的磁化强度,铁磁性的马氏体则更容易被磁化,具有较高的磁化强度,其吉布斯自由能将会在磁场下大大降低,而奥氏体在磁场下吉布斯自由能的降低则可忽略不计。因此在磁场下进行马氏体相变将具有更大的相变驱动力,两相平衡温度将提高,即 M_s 升高,两相吉布斯自由能差的增大可以显著促进马氏体相变。

研究者对磁场条件下相变做了较为细致、系统的热力学分析,研究得出强磁场与奥氏体向马氏体分解过程中外加磁场的静磁能有关,推导出的 M_s 升高公式如下:

$$\Delta G(M_s) - \Delta G(M_s{}') = -\Delta M(M_s{}') \cdot H_c - (1/2) \cdot$$
$$\chi_h^p \cdot H_c^2 + \varepsilon_0 \cdot (\partial w/\partial H) \cdot H_c \cdot B \tag{6.10}$$

式中,$\Delta G(M_s)$ 为温度在 M_s 时新旧两相吉布斯自由能差;$\Delta G(M_s{}')$ 为温度在 $M_s{}'$ 时磁场条件下的吉布斯自由能差;$M_s{}'$ 为磁场环境下马氏体相变的温度;$\Delta M(M_s{}')$ 为温度在 $M_s{}'$ 时奥氏体与马氏体两相的磁矩差;H 为外加磁场的强度;H_c 为临界磁场强度;χ_h^p 为母相磁化率;ε_0 为转变应变;$(\partial w/\partial H)$ 为磁致伸缩;B 为体积模量[20]。

磁场不仅对 M_s 有影响,对马氏体的转变动力学也有影响。铁基材料中存在着两种马氏体转变:一种是变温转变;另一种是等温转变。对于变温转变,转变得到马氏体的量是随转变温度的降低而增加的;而对于等温转变,马氏体的量既随等温保温时间增加,又随等温转变温度的降低而增加。长期以来,有学者认为等温转变更像是变温转变的特例,可以看作是变温转变的孕育期短得无法观测到。但是,并没有任何理论和实验结果来证实这一观点。还有学者对静磁场下马氏体转变的动力学特性进行了分析研究。他们发现在磁场下,由于磁场对马氏体转变的促进作用,转变过程由等温动力学性质变为变温动力学特点。这一结果证明了等温转变与变温转变没有本质上的区别。实验结果还表明等温转变曲线图在静磁场下仍为"C"形,但其鼻温要比无磁场时更低,孕育期更短,并且鼻温的降低和孕育期的缩短程度随外加场强的增加而增大[21]。

(3) 磁场诱发马氏体转变的转变量及形貌变化

由于外磁场可以明显提高奥氏体与马氏体之间的吉布斯自由能差,提高 M_s,马氏体的转变量势必会受到影响,因为在大多数常规马氏体转变中,马氏体转变是不完全的,而马氏体的转变量又直接影响材料的最终性能。因此,研究磁场下马氏体的转变量既有理论意义,又有实际应用价值。到目前为止,这方面的研究主要以热弹性马氏体和非热弹性马氏体为对象。就热弹性马氏体和非热弹性马氏体而言,磁场对马氏体转变量的影响有所不同。对于热弹性马氏体,在任何给定的 ΔM_s,马氏体的转变量随磁场强度呈线性增加。这一现象或源于已转变的马氏体的长大,或源于新马氏体的形成,或两者兼而有之。而对于非热弹性马氏体,尽管所加的磁场强度要比临界磁场强度高得多,磁场诱发马氏体转变的转变量并不发生变化。

此外,关于外磁场对各种铁基合金马氏体形貌的影响也有大量的研究。许多研究结果表明,无论转变温度、磁场强度如何变化,磁诱发马氏体的形貌和亚结构与热诱发马氏体的形貌和亚结构完全相同。由于磁诱发马氏体的形成温度不同于热诱发马氏体的形成温度,这一事实使"马氏体的形貌取决于其形成温度"的观点受到挑战[22]。

从 20 世纪 60 年代起,我国研究人员就开展了磁场条件下马氏体相变的相关研究,研究发现:①磁场淬火能使马氏体嵌镶块碎化、马氏体针显著细化并形成明显的织构,采用交变纵向磁化、提高含碳量或提高磁场强度,都能提高磁场淬火的效果;②淬火过程中加入磁场可促进奥氏体向马氏体转变,并细化马氏体组织;③在连续冷却过程中加磁场可以使铁素体转变的 CCT 曲线左移、淬透性下降,在奥氏体化过程中加磁场,会降低奥氏体的稳定性,造成冷却过程中 CCT 曲线的左移;④脉冲磁场等温淬火可以降低过冷奥氏体的稳定性,促进过冷奥氏体向贝氏体转变,缩短等温时间,并可改善组织,即增加贝氏体数量,对贝氏体形态和残余奥氏体量有一定的影响;⑤磁场淬火降低淬火形成的组织应力,残余奥氏体的数量减少有助于提高工件尺寸稳定性及淬火硬度;⑥在高磁场强度下,磁场不仅改变了物质的电子状态,也改变了晶体结构,同时磁场可直接影响所生成马氏体组织的分布状况。

(4) 磁场对贝氏体相变的影响

贝氏体相变属于半扩散型相变,既具有扩散型相变的形核机制的特性,又具有切变型马氏体相变的特点,如片层状和表面浮突现象。对比马氏体相变,贝氏体相变的长大的速度偏慢,而且具有连续性长大的现象,因此其在很长的形成时间下完成转变。强磁场条件下贝氏体相变的研究起步较晚,母相奥氏体为无磁性的物质,新相为具有磁性的贝氏体。这样,磁场对贝氏体相变的作用可以归结为类似马氏体相变的作用,体现在相变热动力学的变化上[23]。

①贝氏体相变

贝氏体的相变温度居于珠光体相变与马氏体相变温度之间,在此温度范围内,合金原子难以扩散,而碳原子可以扩散,其相变产物一般为铁素体基体加渗碳体的非层状组织。贝氏体相变兼具扩散型相变和切变共格型相变的特征,其机理的研究对钢铁材料固态相变的理论机制的完善具有重要的价值。

贝氏体转变有一个上限温度 B_s 和一个下限温度 B_f，奥氏体必须过冷到这两个温度之间才能发生贝氏体相变。贝氏体相变过程不能完全将奥氏体转化成贝氏体，总有残余奥氏体存在，等温温度越低，即越靠近 B_f，能够形成的贝氏体总量就越多。贝氏体的组织形态与形成温度密切相关，在较高温度形成上贝氏体，渗碳体一般分布在铁素体板条之间；在较低温度形成下贝氏体，渗碳体主要分布在铁素体板条内部。典型的上贝氏体组织在光学显微镜下观察时呈羽毛状、条状或针状，少数呈椭圆形或矩形；典型的下贝氏体组织在光学显微镜下呈暗黑色针状或片状。

对于贝氏体的扩散机制，研究表明，贝氏体相变只有碳原子的扩散，并且贝氏体铁素体的形成与碳扩散同时进行。碳的扩散速度对贝氏体相变起着控制作用，上贝氏体的相变速度主要取决于碳在前沿奥氏体中的扩散速度，下贝氏体的相变速度主要取决于铁素体内碳化物沉淀的速度。对于贝氏体的切变机制，研究发现，贝氏体铁素体形成时在平滑试样表面上产生浮突现象，这说明贝氏体铁素体是按切变共格方式长大的。贝氏体铁素体具有一定的惯习面，贝氏体铁素体与母相奥氏体之间存在 K - S 位向关系，上贝氏体的惯习面为$\{111\}\gamma$，下贝氏体的惯习面一般为$\{225\}\gamma$。

贝氏体中最具研究价值的是无碳贝氏体。无碳化物贝氏体一般形成于低碳钢中，形成温度稍低于 B_s。无碳化物贝氏体钢中一般富含 Si 元素，以抑制渗碳体的析出和稳定残余奥氏体组织回复。无碳化物贝氏体的组织形态大都由平行的单相条状铁素体以及条间的富碳残余奥氏体或马氏体组成[24]。

②强磁场对贝氏体相变的影响

碳原子的扩散是贝氏体相变最典型和本质的现象，而碳原子在各组织中的分配影响着组织的性能。磁场对贝氏体相变和碳化物析出的影响表现在相变的整个过程和各个方面，主要为磁场对磁性组织成分的影响。磁场下贝氏体相变实验结果显示，磁场加速了贝氏体相变进程，并且磁场作用下贝氏体铁素体的含碳量明显降低，奥氏体含碳量升高，更多碳元素迁移到奥氏体中；贝氏体板条上充满了弥散的纳米渗碳体，表明一部分碳原子随渗碳体析出。

铁磁性的贝氏体铁素体与强磁场之间的相互作用是加速贝氏体相变的主要原因。接下来着重讨论磁场下贝氏体铁素体的相关性质，通过对贝氏体铁素体的研究，了解和掌握磁场对贝氏体相变的影响。

a. 强磁场下贝氏体铁素体的磁矩及强磁场下贝氏体相变动力学

贝氏体铁素体是铁磁性相，其在不同的等温温度和磁场强度下有不同的磁矩。在无磁场热处理工艺下,贝氏体相变时奥氏体与贝氏体铁素体之间的相变驱动力主要由热力学吉布斯自由能提供。奥氏体由于是顺磁性相,其磁吉布斯自由能可以忽略不计;贝氏体铁素体是铁磁性相,磁自由能在不同的温度和磁场强度下均不同,贝氏体铁素体每摩尔的 ΔG_M 可表示为:

$$\Delta G_M = -N_A m \mu_B B \tag{6.11}$$

式中,N_A 为阿伏伽德罗常数;m 为磁矩;μ_B 为玻尔磁子($\mu_B = 9.3 \times 10^{-24}$ J/T);B 为磁场强度。

贝氏体铁素体的生成分为形核和长大两个过程。已有研究表明:贝氏体等温温度越低,原子扩散速度越慢,贝氏体铁素体的长大过程变得缓慢,其形核在相变过程中起主导作用。因此,探究强磁场对贝氏体铁素体形核的影响很有必要。

贝氏体铁素体的形核率 N 的计算公式如下:

$$N = N_0 \exp(-Q/RT) \exp(-\Delta G^* /RT) \tag{6.12}$$

式中,N_0 为常数;Q 为扩散自由能;R 为气体常数;T 为热力学温度;ΔG^* 为形核势垒。

强磁场加入后,会使两相之间的吉布斯自由能差增大,降低了形核势垒,从而使贝氏体铁素体的形核率增大。形核率的增加除了加速贝氏体铁素体的生成,也使单位体积内的贝氏体铁素体板条数量增多,使组织得到了均匀和细化[25]。

b. 磁场对贝氏体铁素体的居里温度和磁致磁性的影响

研究表明,磁场对贝氏体铁素体的居里温度和磁致磁性有着重要影响。居里温度为磁性过渡点,是磁性材料重要的物理性质,对磁自由能有很大的影响。磁场能够对居里温度产生影响。无磁场时居里温度的降低与碳浓度的增加成正比,纯铁的居里温度为 1 043 K,有磁场时的居里温度等于没有磁场的居里温度加上有、无磁场的居里温度之差。强磁场作用下,铁磁性材料由于自发磁化的影响会迅速达到饱和磁化强度而拥有强大的磁性。其磁矩在强磁场作用下也会发生变化,图 6.2 显示的是 $Fe_{128}C$ 贝氏体铁素体的平均原子磁矩在有、无 12T 强磁场下随温度的变化。该图中显示 $Fe_{128}C$ 的初始磁矩为 2.197 μ_B,由第一性原理计算所得。虚线为 12 T 强磁场影响下的磁矩,实线表示无外磁场影响的磁矩,可以看出两条磁矩曲线随温度的升高而降低。不加磁场,磁矩在居里点时降为 0;施加磁场,由于磁化作用,磁矩有所增大,且磁矩的曲线趋向更高的温度。这些变化是由于磁场诱导磁交换耦合的增加,而磁交换耦合决定了磁矩的大小。

400℃时,$Fe_{128}C$ 的平均原子磁矩降到了 1.836 μ_B(0 T 磁场)和 1.865 μ_B(12 T 磁场)。磁矩的差异与磁吉布斯自由能的变化量密切相关。

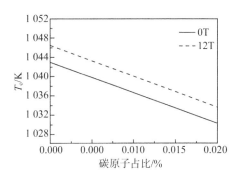

图 6.2 计算的有、无 12 T 磁场作用的贝氏体铁素体的居里温度随碳浓度变化[26]

此外,研究还表明,贝氏体铁素体的磁吉布斯自由能的最终计算结果显示为负值,而奥氏体为顺磁性,其磁矩为 0,磁吉布斯自由能按公式算也为 0。所以,负的磁吉布斯自由能变化值降低了贝氏体铁素体的吉布斯自由能,降低了奥氏体与贝氏体铁素体在强磁场下相变的总吉布斯自由能变化量,也就是增大了贝氏体相变的相变驱动力。且贝氏体铁素体含碳量越高,其磁吉布斯自由能的负值越小,则奥氏体转变为贝氏体相变的驱动力越大,相变反应越快。贝氏体铁素体的负的磁吉布斯自由能变化值在能量上解释了磁场对贝氏体相变的促进作用。

c. 磁场对碳在纯铁相区扩散系数的影响

由于磁致伸缩的原因,铁素体和奥氏体的晶格在磁场作用下会改变,从而影响碳原子的扩散系数。磁场作用下,铁素体的晶格在沿磁场的方向被拉长,而碳原子所在的八面体间隙也会被拉长,很难容纳碳原子,从而降低了碳原子在八面体间隙的占比,更多的碳原子跑到四面体间隙中,使得其在铁素体中的扩散变得更难。磁场对奥氏体的作用会使奥氏体晶格沿磁场方向压缩,减小了奥氏体八面体间隙的空间,使得碳原子更不易扩散。

d. 磁场对渗碳体析出的影响

渗碳体(θ-Fe_3C)是铁碳合金中稳定的磁性碳化物相,贝氏体钢中主要碳化物为渗碳体。由于渗碳体中含碳量很高,远远大于贝氏体铁素体和奥氏体中的含碳量,因此,渗碳体是贝氏体钢中固定碳元素的重要金属相,是重要的碳分配环节之一。

研究磁场对渗碳体的影响,依然考虑磁场对其自由能的影响。图 6.3 是

12 T 磁场影响下的渗碳体中单位摩尔铁原子的磁自由能变化量随温度的变化曲线。由于渗碳体的居里温度为 483 K,所以渗碳体的磁自由能变化的温度较低。由图 6.3 中实验温度附近的放大图可知,渗碳体的磁自由能变化量随温度的降低而降低,磁自由能在 400℃时为−0.4 J/mol,300℃时为−2.3 J/mol。磁自由能为负值,则表示磁场作用下渗碳体的自由能更低,渗碳体稳定性越好,其形核势垒降低,有更多的渗碳体析出。

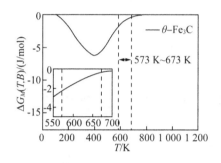

图 6.3　渗碳体的磁自由能变化量随温度的变化[26]

e. 磁场对贝氏体相变中的界面碳平衡的影响

贝氏体铁素体生长在一个碳浓度处于准平衡的条件下,强磁场的加入会破坏旧的准平衡形成新的准平衡。贝氏体相变中碳的扩散和迁移主要与相变界面处的碳平衡密切相关,研究磁场作用下的新准平衡,是研究磁场对碳元素扩散的关键。图 6.4(a)表示的是奥氏体和贝氏体铁素体的吉布斯自由能随铁碳组分(碳浓度)的变化,其中包括奥氏体(γ)和贝氏体铁素体(α)界面处的碳平衡,也包括了磁场作用下碳的新平衡。图 6.4(a)显示磁场作用下,新平衡向右移动,α/γ 相界面平衡碳浓度也升高了,其中主要升高的为奥氏体一侧的碳浓度。图 6.4(b)则显示贝氏体铁素体生长过程中形成的界面碳溶质浓度分布,图中 α/γ 相界面碳平衡时,界面两侧形成巨大的碳浓度差,碳原子在界面处主要富集于奥氏体一侧。此平衡下,需要贝氏体铁素体中的碳原子迁移到奥氏体界面一侧。施加磁场之后,奥氏体一侧的碳浓度明显升高,两侧的碳浓度差扩大,则需要更多的碳原子迁移到奥氏体一侧。此外,奥氏体界面的碳浓度($C^{\gamma\alpha}$)大于基体的碳浓度($\bar{C}$),而贝氏体中的平均碳浓度高于贝氏体界面处碳浓度($C^{\alpha\gamma}$),并且贝氏体铁素体具有排碳性质。因此,平衡时,贝氏体铁素体中碳原子有向奥氏体中扩散的趋势,而磁场扩大了这种趋势。

研究表明,磁场的作用使得渗碳体的自由能降低,而奥氏体的自由能不变,则渗碳体析出相和奥氏体的基体相的界面碳平衡向右偏移。无磁场时,渗碳体与奥氏体在界面处形成较高的平衡碳浓度差,使得奥氏体中的碳原子迁移到渗碳体中析出;而施加磁场,相界面处的析出相一侧的碳浓度升高,使得渗碳体形核和生长加快。

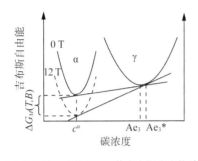 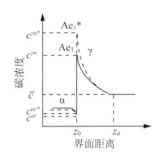

（a）贝氏体铁素体与奥氏体吉布斯自由能随　　（b）贝氏体铁素体相生长过程中的界面碳溶质
　　　碳浓度变化的示意图　　　　　　　　　　　　　　浓度分布示意图

图 6.4　磁场对贝氏体相变中的界面碳平衡影响示意图[26]

除了上述影响,磁场对贝氏体相变中的碳扩散与碳分配也有影响。磁场下贝氏体相变过程中碳原子除了向渗碳体中分配,还更多地向奥氏体相区分配。贝氏体铁素体一般形核于奥氏体贫碳区,形成碳过饱和的贝氏体铁素体,之后贝氏体铁素体会向奥氏体中排碳,最终形成低碳的贝氏体铁素体和富碳的残余奥氏体。

总的来说,负的磁自由能变化量扩大了奥氏体与贝氏体之间的自由能之差,增大了相变驱动力,促进了贝氏体相变进程,同时增大了奥氏体和贝氏体铁素体界面的平衡碳浓度,使得更多的碳原子迁移到奥氏体中。虽然磁场降低了碳原子在纯铁中的扩散系数,但是由于界面碳浓度的增大,计算表明碳原子在奥氏体相中的扩散通量增大了,更多的碳原子从贝氏体铁素体中分配到残余奥氏体中,促使磁场下贝氏体铁素体含碳量降低[26]。

6.4.4　强磁场对扩散型相变的影响

与结构相变不同的是,扩散型相变必须依赖于原子的扩散以形成新相。磁场对扩散型固态相变也会产生显著的影响。

（1）磁场下的原子扩散

①静磁场下原子的扩散

a. 金属中的双极扩散

金属电子论认为金属由带负电的电子与带正电的金属离子组成,传导电子在金属中不断运动,因此也可以将金属看作固态的等离子体。在金属内原子扩散时施加外场后,需要考虑外场在这一过程中对自由电子和离子的不同作用。对于由不同组元构成的合金,由于其中各组元的费米能及价电子不同,金属中各组元的浓度梯度将导致相应的自由电子浓度梯度。在扩散导致金属离子运动时,带电离子密度的空间分布变化将导致相应的自由电子空间密度变化,电子也将做相应的迁移。由于自由电子的迁移速度远比离子快,自由电子的快速扩散将产生空间电荷并形成电场,使电子的迁移率降低而离子的迁移率提高,从而拖动金属离子的运动,最后在扩散和空间电场的共同作用下,金属离子和电子的扩散速度将达到一个相同值,这被称为双极扩散现象。

b. 带电粒子在磁场中的运动

在液态和固态金属中,原子失去价电子成为离子,无磁场作用时,这些离子的热运动速度是随机的。有磁场存在时,速度分解为垂直于磁场的分量和平行于磁场的分量。此时,带电粒子与磁场会产生相互作用,产生洛伦兹力,但由于洛伦兹力与粒子速度相垂直,故其不改变粒子的速度大小,只改变其方向,所以离子在洛伦兹力的作用下围绕磁力线旋转。粒子在垂直于磁场的平面上做回旋运动,同时粒子还沿磁力线做匀速直线运动。因此带电粒子在均匀磁场中做螺旋运动,这条螺旋线的半径是粒子回旋半径,粒子回转中心的轨道为引导中心。其中回转半径与粒子质量和垂直速度的大小成正比,与电荷和磁场强度成反比。实际上,磁场中粒子的回旋半径远远大于电子的回旋半径。回旋频率的大小与磁场强度成正比,与粒子的质量成反比,在磁场一定的情况下,质量大的粒子回旋频率小,因而电子的回旋频率远远大于离子的回旋频率。

c. 磁场下带电粒子的扩散

把金属与合金看成是由电子与离子组成的双流等离子体,仅考虑磁场对电子运动的影响。根据物理学知识,磁场对电子运动的影响将导致离子的运动,因为电子与离子的运动将力图使金属与合金保持电中性。因此影响离子运动的力本质为来源于偏离电中性所造成的电场力,这种偏离是磁场作用下,电子发生飘移并受到扩散离子吸引的结果。在磁场作用下,由于平行于磁场方向运动的电子不受电磁力,因此该方向的电子运动不受磁场影响,与无磁场作用时相同,电子由于扩散和迁移而沿磁场运动。在垂直于磁场方向上,电子由于受洛伦兹力作用,会连续围绕同一个磁力线回转。如果不存在碰撞,电子在垂直方向会完全不扩散,当存在碰撞时,电子沿浓度梯度越过磁场迁移,此时电子的运动通过随机游走而实现,随机游走的步长不再是无磁场作用时电子的平均自由程,而是拉莫尔半径。

等离子体扩散时,由于电子和离子存在质量差异,离子比自由电子扩散慢,因此离子的扩散可以用双极扩散系数表示。由于自由电子扩散很快,等离子体的扩散系数是离子扩散系数的二倍,在静磁场作用下,自由电子的扩散系数降低,因此降低了等离子体的整体扩散系数。

d. 静磁场作用下的双极扩散

从上面对带电粒子在磁场中的扩散讨论可以知道,自由电子横越电磁场运动时迁移率和扩散系数都降低了。电子由于受到磁场作用,扩散减慢,因此金属中的双极扩散过程变为由电子控制。当存在磁场作用时,带电粒子横越磁场的输运机制明显区别于纵向输运和无磁场时的输运机制。平行于磁场方向的离子输运与无磁场时的情况相同,即由带电粒子在碰撞间隙里的自由运动实现,因此输运系数随粒子质量的增大(在碰撞间隙里粒子的速度和它们在电场中的加速度都减小)及碰撞频率的增长(自由程减小)而减少。电子扩散较快,电子将跑到离子前面,双极扩散过程由离子的扩散控制;在垂直于磁场的方向,输运不是由粒子在碰撞间隙里的移动实现,而是通过在碰撞一瞬间拉莫尔圆中心的跃进实现,因此横向输运系数正比于碰撞频率。由于这种跃进与拉莫尔半径有同样大小,而后者随着质量增加而增加,随着磁场增强而减小,所以横越磁场的输运系数与质量成正比,与磁场强度平方成反比。随着磁场强度的增强,电子迁移率和扩散系数比离子的减小要快得多。电子由于受到磁场的作用,扩散减慢,离子将跑到电子的前面,双极扩散过程由电子的扩散所控制。

无论上述哪一种情况,金属的准中性都会被破坏,形成空间电场,该电场的方向正好使扩散快的电子减速,而使扩散慢的离子加速,最后在扩散和空间电场的共同作用下,电子与离子达到一个相同的扩散速度,以相同的速度向外扩散。随着磁场强度的增强,电子绕磁力线回旋的拉莫尔半径减小,因此电子扩散的步长减小,电子的扩散减慢。由于磁场作用下的双极扩散由电子控制,所以磁场作用下的双极扩散减慢[27]。

②交变磁场下的原子扩散

现有的研究表明,在众多固态相变中,如马氏体相变、贝氏体相变以及珠光体相变等,珠光体的形成基本上就是扩散机制,故珠光体相变是研究磁场对扩散型相变的良好对象。磁场作用下,珠光体相变涉及着不同磁性能的结构相间的转变:由顺磁性的母相奥氏体转变为铁磁性铁素体及弱磁性的渗碳体,使得原本仅发生于共析临界点以下温度的珠光体相变,在磁场的作用下也可能发生于共析点以上的高温。磁场的诱发作用表现为缩短相变孕育期或提高相变诱发温度。

（2）磁场下的固态扩散

纯铁及铁基合金中的 α/γ 转变属于扩散型相变，相变过程亦是原子进行扩散的过程，原子重新组合，转变为新的结构。外磁场的加入使得 α 相原子排列更加有序化，扩散激活能增加，阻碍了原子之间的扩散过程。

固态扩散分为互扩散和自扩散。在不均匀固溶体中进行的扩散称为互扩散。其特点是在扩散过程中伴随着浓度变化，在扩散过程中异类原子相对扩散，亦称为异扩散或化学扩散。互扩散又分为下坡扩散和上坡扩散。下坡扩散沿浓度降低的方向进行，使浓度趋于均匀。上坡扩散沿浓度升高的方向进行，使浓度差别更大。在纯金属和均匀固溶体中发生的扩散称为自扩散，在扩散过程中不发生浓度变化，与浓度梯度无关。纯金属和均匀固溶体的晶粒长大过程就是由原子自扩散引起的。

固态扩散的本质是原子热激活过程，即原子越过势垒而跃迁。在扩散驱动力（包括浓度场、应力场、电场等梯度）的作用下，分子、原子或离子等微观粒子定向、宏观地迁移。扩散是由无数个原子的无规则热运动所产生的统计结果。相邻原子之间的碰撞产生能量起伏，使得一个原子在某一时间段内接受了大于激活能的能量，这个原子就有可能从原来的位置跃迁到邻近位置。

金属中原子的扩散可以通过不同的途径和方式进行，但是扩散原子在晶体点阵中扩散的具体方式还不能被直接观察到。金属原子的扩散机制主要有间隙机制、换位机制和空位机制。间隙机制适用于间隙式固溶体中间隙原子的扩散。间隙机制认为，直径相对基体原子比较小的扩散原子（如 C、N、H、B、O 等），通过在点阵间隙位置之间不断跳跃实现迁移。在间隙固溶体中，间隙原子由于形成能较小，扩散激活能也较小，可在间隙之间进行跳跃式扩散。如果间隙原子把邻近结点上的原子挤至另一间隙位置而由自己"篡夺"该结点的位置，称为篡位式间隙扩散机制，该机制所需激活能较小。换位机制认为，可以通过邻近原子换位实现扩散过程。通过邻近两个原子进行换位扩散，所需激活能很大，实际上是不可能的。如果通过处于同一平面上距离相等的几个原子轮换位置进行扩散，计算出的扩散激活能与实验值较为接近。空位机制模型适用于置换式固溶体的扩散，在置换式固溶体中，由于原子尺寸相差不大，不能进行间隙扩散。它的基本原理是扩散原子依靠与邻近的空位换位来实现原子的迁移。空位是热力学平衡缺陷，空位浓度与温度、辐照等因素有关，提高温度及辐照强度都会使空位浓度增大，从而使得扩散系数增大。纯金属中的自扩散，就是空位在晶格中迁移的结果。目前已公认空位机制是具有面心立方点阵的金属中扩散的主要机制，同时其在密排六方及体心立方点阵中起重要作用[28]。

6.4.5　磁场下的珠光体扩散型相变

珠光体相变是扩散型相变的代表。珠光体转变是过冷奥氏体在临界温度以下比较高的温度范围内进行的转变。珠光体转变在热处理实践中极为重要,因为在钢的正火和退火中发生的都是珠光体转变。退火与正火都可以作为最终的热处理,因此必须控制好退火与正火中珠光体的转变,以使最终得到的组织具有所需要的强度、韧性和塑性。当退火与正火是作为预备热处理的时候,珠光体转变必须符合接下来所要进行热处理的组织要求。珠光体相变的驱动力同样来自新旧两相的体积自由能之差,相变的热力学条件是"要在一定的过冷度下相变才能进行"。在珠光体转变中,磁场会明显影响其转变动力学。初步研究表明,珠光体的转变温度由于磁场的作用而升高,磁场还使珠光体片层间距加大,并使珠光体团直径减小,磁场对珠光体的片层方向也产生了一定的影响,但对珠光体的长大速度影响不大[29]。

（1）磁场对珠光体转变增量的影响

外加磁场可以加速珠光体转变,磁场强度和磁场作用时间是决定珠光体转变量增幅的因素。强磁场必然对等温珠光体转变的动力学有影响。珠光体相变是典型的扩散型相变,其形核过程可分为均匀形核和非均匀形核。

研究表明,相同的等温温度下,外磁场强度越大,相变孕育期越短;相同强度的磁场作用下,等温温度越高,相变孕育期越长。当温度变化范围一致时,MIP（磁诱发珠光体）转变增量随着等温时间延长基本趋于减小,当时间变化幅度一定时,珠光体转变增量随着温度的升高基本增加。即同一条件下,与相变中后期相比,珠光体转变增量在相变初期时最大,说明珠光体在转变初期形核速度最快。这是由于对于扩散型相变,在相变初期,珠光体形核受到的相变阻力（界面能和弹性应变能）小,同时结合相变过程中所施加的强磁场与铁原子之间的相互作用可降低铁磁性铁原子的自由能,增大母相顺磁性铁原子与构成 PF 的铁磁性原子间的自由能差,使母相铁原子处于高能态,有助于新旧两相铁原子跃迁和扩散,从而加速 MIP 形核。

从晶体取向的角度,EBSD 晶体取向分析研究表明,磁场促进了易磁化<100>方向的晶粒在珠光体相变初期形核,同时在各种相变能的交互作用下,其他方向,如<110>、<111>方向也有晶核形成,但是相变后期珠光体晶粒的生长方向基本维持了原优先形核方向,只有少数晶粒的生长方向发生了改变。因此,后期珠光体转变量的增加主要是来自原优先形成珠光体的长大,而非形核量的增加。

（2）磁场诱发作用

由于渗碳体的磁性转变温度（503 K）显著低于磁处理温度，其在相变过程中的析出与生长，在给定的实验条件下受到外加磁场的影响并不大，因此磁场主要影响珠光体中铁磁性相铁素体的形核速度与生长方向，而渗碳体仅通过铁素体的形成及长大间接地受到外加磁场的作用。

磁场诱导奥氏体向珠光体相变的驱动力是磁场中奥氏体与铁素体间的饱和磁化强度不同导致的静磁能差，即降低珠光体中具有铁磁性特征的 α 相自由能，提高其中铁磁性相的稳定性。此外，还可通过重新趋向及磁偏转作用在材料内部产生更大的铁磁性群落，降低临界晶核尺寸及形核功，提高转变形核数量。有文献已经证实，MIP 的领先相为铁磁性相的先共析铁素体，且参与了 MIP 的形成与长大过程。两种不同成分的物相构成说明 MIP 并非在等温处理开始时就存在于组织中，而是经过了一定的等温处理后才出现。这种由无到有、由小到大的形成规律表明，与共析临界点以下等温珠光体相变相似，共析临界点以上 MIP 的形成也需要孕育期。

孕育期的存在确定了共析临界点以上珠光体的形成是磁场驱动下的热激活过程，且晶界上有利于产生能量、成分和结构起伏，可观察到一定数量的铁磁性相铁素体优先形成于原奥氏体晶界或晶界角隅处，形态多为球状、杆状及三角块状，且某些铁素体沿有利取向的晶界呈不连续析出，并有沿晶界连接成杆的趋势。

伴随着铁素体的析出与生长过程，过剩碳原子将重新分配，可在铁素体生长前沿形成富碳区域，使渗碳体在铁素体前沿析出，实现共析临界点以上两相组织的协同生长，两片厚的铁素体片间为富碳的奥氏体及部分析出的渗碳体相，具有白色衬度。当磁场强度较高时，领先相铁素体的形成速度较快，易形成包裹于其内的富碳微区，碳原子来不及向邻近的奥氏体中扩散，被困于铁素体内部，进而在其中形成过饱和状态，最终以沉淀析出的方式形成粒状的不连续渗碳体。块状铁素体内存在渗碳体的事实，支持了铁磁性相铁素体在磁场条件下的优先形成方式。

当外磁场强度相同时，等温温度越高，意味着相变温度与磁性转变温度差越小，热扰动越大，原子间的交换作用也越弱，使形成的铁磁性群落数量及尺寸减小，从而出现铁磁性区域的概率降低，磁场所能诱发的铁素体量减少且形成速度减慢，析出铁素体周围的富碳区不易形成，渗碳体析出困难，使得 MIP 相变的孕育期延长。当等温温度相同时，所施加的外磁场强度越大，新旧相间的磁驱动力也越大，磁诱发铁素体的形成速度越快，其周围动态富碳微区内的富碳程度更大，使得相变初期的 MIP 形成速度更快，即相变孕育期缩短。转变增量的分析数据表明,随着 MIP 增量越大,未转变奥氏体中富碳程度也相应增大,PF 的进一步形核受到抑制、EBSD 取向分析的结果也支持这一结论,说明后期珠光体转变量的增加主要是来自原优先形成珠光体的长大,而非形核量的增加。MIP 的原位生长成为转变量增加的主要因素。

MIP 增量变化及 EBSD 取向分析表明,磁场促进了易磁化[100]方向的晶粒在珠光体相变初期形核并长大,存在着渗碳体以颗粒状或短杆状形态在块状内部的不连续析出方式,且后期珠光体转变量的增加主要是来自原优先形成珠光体的长大,而非形核量的增加。

还有研究表明,强磁场可以促进珠光体的形核及长大过程,显著地促进珠光体转变,且珠光体的体积分数随磁场强度的增加而增加,当珠光体等温时间延长,生成的珠光体团直径增加,珠光体体积分数也随之增加。因此,受磁时间进一步促进珠光体的转变。但在不同磁场条件下,延长相同时间,珠光体团的直径和体积分数的增幅随磁场强度的增加而增加。当在强磁场下珠光体转变的等温温度降低时,珠光体体积分数显著增加,珠光体片间距减小。两种温度下珠光体体积分数增加的幅度和珠光体片间距下降幅度随磁场强度的增加呈下降趋势,表明低温下奥氏体的过冷度 ΔT 的增加比磁场强度增加对珠光体相变的促进作用更大[30]。

（3）磁场缩小珠光体片层间距

磁场下珠光体的片层间距减小,有其根本的原因。在片状珠光体中,一片铁素体和一片渗碳体的总厚度或相邻两片渗碳体或铁素体中心之间的距离,称为珠光体的片层间距离。珠光体形成的临界片层间距用 λ 表示：

$$\lambda = 2\lambda_c = \frac{4\sigma^{\alpha c} T_E}{\Delta H_V \cdot \Delta T} \tag{6.13}$$

式中,$\sigma^{\alpha c}$ 为铁素体与碳化物之间的界面能;T_E 为共析温度;ΔH_V 为母相新相之间的体积差;ΔT 为过冷度。

研究表明,磁场可使共析转变或者奥氏体向珠光体转变的温度升高。

一方面,外加磁场后,改变了奥氏体与珠光体的平衡温度,所以在转变温度相同的情况下,过冷度是不同的。此时的过冷度要比没有磁场时的过冷度大。过冷度越大,奥氏体与珠光体的自由能差别越大,能够提供的能量越多,能够增加的界面面积越大,故片间距离就越小。

另一方面,外加磁场为相变提供驱动力,并且依赖于温度和过冷度,过冷度越大,其值越高。如果说过冷度对驱动力的影响与对体积自由能之差的影响效果本质是一样的话,那么反过来它们对过冷度的影响也应该是一样的,所以外加磁场后,相对于无磁场情况而言,相同温度等温、相同时间下,有磁场时的过冷度要高,根据珠光体片层间距公式,这无疑有利于形成细小的片层间距。

(4) 磁场加速珠光体转变以及磁场改变珠光体形态

从光学显微镜和扫描电镜上可以看出,磁场下珠光体转变量较多。从热力学方面来解释,磁场促进珠光体转变的根本原因是磁场降低了珠光体中具有铁磁性特征的 α 相自由能。在具有顺磁性相特征的 γ 相和渗碳体相自由能基本不变的情况下,磁场使珠光体中 α 相自由能降低后,相对增加了珠光体转变的自由能差。总的来说,磁场升高了珠光体转变温度,扩大了珠光体转变相区,增加了珠光体转变量。

从扫描电镜上可以看出,磁场下珠光体形态与没有磁场时的形态存在很大差别,温度越低,这个差别越明显。但是,有、无磁场下珠光体都呈退化形态。磁场在一定程度上加速了珠光体的析出;从磁场下珠光体的形态上看,磁场对珠光体的形态也有影响,这可能是磁场对原子扩散特别是对 Mo 元素的影响的结果。形成退化珠光体的材料有其优越的性能。随着珠光体团直径以及片间距离的减小,珠光体的强度、硬度和塑性均增大,其原因主要是铁素体与渗碳体片薄时,相界面增多,在外力作用下,抗塑性变形能力增强。

磁场下珠光体团颗粒粗大,这跟磁场加速铁素体生成有关。珠光体是铁素体和渗碳体有机结合的组织。磁场加速铁素体的析出必然会对珠光体的生成产生相应的影响[31]。

6.4.6 强磁场对钢铁材料相变的影响

磁场、温度等均为钢铁材料固态相变过程中的热力学参数,通过改变钢材内部组织中原子和分子的混乱程度,使其分子热运动发生变化。磁场从热力学、动力学等方面使钢铁材料的性能发生变化,强磁场可以使有磁性的金属内部的原子产生磁悬浮、磁偏聚等相关的磁现象。稳定的磁场(例如电磁冶金铸造)的运用能够减少钢铁连铸过程中的表面夹杂物,减少钢坯在各个方向的裂纹,消除连铸坯的部分缺陷。对于顺磁性的物质,其原子具有独立的磁矩,不发生磁相互作用(无外加的强磁场),当在有外加磁场的条件下,会产生磁化,如图 6.5 (a) 所示。铁磁性的物质会有原子磁矩,其间的原子存在静电力之间的作用,在非常小的体积内(磁畴范围内),原子间的磁矩是平行的,如图 6.5 (b) 所示。对于亚铁磁性的物质,其原子磁矩是反向的,也是平行的,如图 6.5 (c) 所示。如果反向平行时大小恰好相等,这种磁矩的排列现象被称为反铁磁性,如图 6.5 (d) 所示。

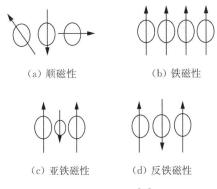

(a) 顺磁性   (b) 铁磁性

(c) 亚铁磁性   (d) 反铁磁性

图 6.5 磁序[32]

对于铁素体相而言,其有、无磁性的转变点为 $770^\circ C$。奥氏体为顺磁性的,而铁素体为铁磁性的($770^\circ C$ 以下),渗碳体 Fe_3C 在 $210^\circ C$ 以下变成铁磁性。当高碳钢的热处理工艺发生在有外磁场的环境中,转变过程中所有的相均会被磁场磁化,其自由能将减少 $V \int_0^M \mu_0 H_0 dM$(V 是物质的相体积,μ_0 是物质在真空中的磁导率,H_0 是外加磁场的强度,M 是单位体积中产生的磁化强度)。$V \int_0^M \mu_0 H_0 dM$ 就是外加磁场产生的磁场能量。在高碳钢热处理无外加磁场的环境下,某种相的自由能可以简称为"化学自由能",那么 $V \int_0^M \mu_0 H_0 dM$ 就可以简称为"磁场自由能"。对于在外加磁场条件下发生的转变,自由能的改变量 $^M\Delta G^{\gamma \rightarrow \alpha + \gamma}$ 将发生两个部分:"化学自由能的变化" ΔG^C 和"磁场自由能的变化" ΔG^M。如下:

$$^M\Delta G^{\gamma \rightarrow \alpha + \gamma} = \Delta G^C + \Delta G^M \tag{6.14}$$

$$\Delta G^M = -\left\{ \int_0^{M^\alpha} H_0 d(\mu_0 M_\alpha) - \int_0^{M^\gamma} H_0 d(\mu_0 M_\gamma) \right\}$$
$$= -H_0 \mu_0 \left\{ \int_0^{M^\alpha} dM_\alpha - \int_0^{M^\gamma} dM_\gamma \right\} \tag{6.15}$$

式中,α 和 γ 分别代表 α-Fe 和 Fe_3C;M 是磁场产生的强度。两相ΔG^M 与ΔG^C 的变化趋势相同,两相的自由能差的绝对值提高,相变驱动力提高[32]。

6.4.7 磁场对顺磁—铁磁相变及非磁物质的影响

(1) 磁场对顺磁—铁磁相变的影响

由一般的磁学理论可知,当原子、离子和分子的电子壳层中具有奇数个电子,即电子体系的总自旋不为零时,这些粒子就具有固有磁矩。在外磁场作用下,获得静磁能量。当静磁能量绝对值大于平均扰动能量 $K_B T$(K_B 为玻尔兹曼常数,T 为热力学温度)时,这些粒子的磁矩克服扰动,倾向于平行外磁场方向取向,沿外磁场方向有弱的净磁矩,对外表现出顺磁性。但即使温度较低,这些粒子的磁矩在磁场的作用中具有的能量也远小于 $K_B T$。可见顺磁性是具有固有磁矩的粒子在外磁场作用下克服热扰动取向的结构。顺磁物质的磁化率为正值,其数值约为 $10^{-6} \sim 10^{-2}$。而对于有些材料来说,在一定条件下,原子中未成对抵消的电子自旋之间存在强的交换相互作用,这种具有量子力学性质的交换力使原子磁矩有序排列形成自发磁化,形成在能量上更为有利的磁有序状态,故能够获得远远大于顺磁性的磁矩,呈现出铁磁性。铁磁性与顺磁性的根本区别在于居里温度以下铁磁性物质存在自发磁化。铁磁性物质的磁化率为正值,其数值约为 $1 \sim 10^5$。

铁磁性材料单位体积的磁自由能可以用下式来表示:

$$U_f = -\mu_0 (H - \frac{1}{2} N M_S) M_S \tag{6.16}$$

式中,M_S 为饱和磁化强度;H 为磁场强度;N 为退磁因子。顺磁性材料的单位体积的磁自由能可以表示为:

$$U_f = -\frac{1}{2} \mu_0 \chi (1 - \chi N) H^2 \tag{6.17}$$

式中,χ 为磁化率。以顺磁性化合物 MnBi 来说,顺磁性相的存在引起了体系的自由能的增加,因为在强磁场下,顺磁性相的自由能远远大于铁磁性相的自由能。引起这种结果的直接原因是顺磁性 MnBi 的磁化率极小,外磁场降低了系统的自由能,进而提高了顺磁—铁磁相变的居里温度。运用热力学方法,便可以得知外磁场可以显著影响平衡固液相变的参数。此外,研究还表明,磁场可以提高顺磁—铁磁相变温度。

通常来说,磁效应是双重的:一方面,它在吉布斯自由能基础上增加了塞曼能;另一方面,它改变了归一化的磁化强度。对于居里温度在 100 K 以上的材料来说,这些效应相对较小;但是对铁磁性相,由于塞曼能具有相当大的贡献,这些效应则非常明显。特别是对于顺磁—铁磁相变,外磁场可以明显地提高相变温度[33]。

(2)磁场对非磁物质的影响

从理论上讲,任何物质在磁场下都能受到磁场的作用,施加磁场会引入附加的磁能。但是,对于非磁性物质而言,即使在 10 T 量级的磁场下,磁能仍然远远小于热能,因此,在热力学上磁场对非磁性物质的相变影响非常微弱。

由于非磁性物质磁化率小,施加磁场对这些物质的平衡相变温度影响小,因此有关磁场对非磁性物质相变的影响研究较少。但是,采用精密的测量手段,人们还是观测到了强磁场对非磁性物质相变温度的影响。有实验测量得出磁场下相变温度的变化与磁场的平方成正比,这与理论预测较符合。还有研究者采用超高灵敏度的差示扫描量热仪观测到 5 T 磁场能使 $n\text{-}C_{32}H_{66}$ 熔化温度增加。他们也观察到磁场能影响 H_2O 和 D_2O 的熔化。例如,6 T 磁场下,这两种物质的熔化温度比无磁场时分别高 5.6 mK 和 21.8 mK,且温度变化与磁场的平方成正比。但是这些实验结果与理论预测存在较大的差异,用磁克拉伯龙方程无法解释,于是他们引入了动态磁化率而非静态磁化率计算磁场对相变温度的影响。

这些研究表明,虽然磁场对非磁性物质的相变影响较弱,但是采用精密的仪器仍然可以观测到磁场对非磁性物质相变的影响,这些研究结果也加深了人们对磁场下相变的认识和理解[34]。

6.4.8　磁场对相稳定性和固态相变形貌的影响

（1）磁场对相稳定性的影响

磁场对相稳定性的影响主要体现在磁场使铁基合金中马氏体转变点升高。铁基合金具有 BCC(体心立方晶格)结构的铁磁性相的磁化率远小于 FCC 结构顺磁性相的磁化率,磁场会改变具有不同磁化率相的平衡温度,即 FCC 与 BCC 相的平衡温度在磁场中升高。研究表明,磁场可以增加马氏体的转变量,同时,脉冲磁场可以加速贝氏体转变,相同温度下施加脉冲磁场会增加贝氏体的转变量,并使贝氏体形态和残留奥氏体也有一定的变化。在奥氏体转变过程中施加稳恒磁场,观察到奥氏体稳定性降低。稳恒磁场使低碳锰铌钢奥氏体转变温度升高,铁素体相变点随着磁场密度的增加升高明显,且所得铁素体晶粒非常细小。从热力学的角度看,磁场降低了马氏体的自由能,导致 M_s 升高。实际上,磁场不仅能改变物质的电子状态,也能改变晶体结构,即引发一次性磁结构相变。

（2）磁场对固态相变相形貌的影响

将铝镍钴合金在磁场中进行热处理时,磁场会促进两相调幅分解,在分解初期施加磁场,能使析出相(强磁性相)长轴沿磁化方向排列及伸长,呈现强烈的单轴各向异性,使很细小的铁磁性小晶粒悬浮于非磁性的材料中,感生出各向异性。

利用磁场能够控制组织排列的作用,在氧化物超导体中产生强织构以解决晶界的弱连接问题,增大临界电流强度,获得较高的居里温度。施加强磁场($1\sim$ 8 T)能使单片晶如 YBa_2Cu_3O 在庚烷介质中弥散分布,其有较高居里温度的超导体氧化物的顺磁磁化率呈现各向异性,在磁场中 c 轴沿磁场方向排列。在对 32CrMnNbV 的连续冷却过程施加磁场的实验中发现,当所加磁场强度增大到 1.2 T 时,马氏体组织明显细化。研究者在研究耐磨铸铁的磁场热处理时,在淬火过程中施加磁场,发现磁场淬火使耐磨铸铁组织细化,同时材料硬度及韧性提高,强度显著增大,经磁场淬火后耐磨铸铁叶片使用寿命提高了 2~5 倍,他们认为是磁场导致材料组织细化。金属在固态相变前,在外磁场作用下,原子间距会发生变化,原子间距变化与一定的晶格取向有关,即磁场使晶格中不同晶向上原子间距发生的变化不同。由此认为金属在外磁场作用下由顺磁性转变成铁磁性时,金属晶格在不同晶向上原子间距发生了变化,从而导致晶格畸变,产生晶格畸变能。

在外磁场作用下,金属由于晶格畸变,内部畸变能增大,相变驱动力变大。固态相变又容易在晶格畸变区形核,两种因素共同作用使固态相变形核率增大,组织细化。在低碳锰铌钢奥氏体向铁素体与珠光体转变过程中施加稳恒磁场,晶粒大小也受到磁场的影响。实验结果表明,随着磁场强度增大,晶粒尺寸减小。在磁通密度为 1.5 T 时,晶粒尺寸为不加磁场时线性尺寸的 60%。强磁场引起的高温钢辐射散热系数增大是晶粒细化的主要原因之一。由于在稳恒磁场中低碳钢磁导率较大,磁场产生的晶粒细化作用使组织的均匀度提高。

总的来说,相变过程一般由相变热力学与相变动力学控制,在热力学中,相吉布斯自由能决定该相的稳定性,吉布斯自由能越小,该相的稳定性就越大,在一定条件下越不易发生变化。由于各相磁化率及介电常数不同,在相变过程中施加磁场,磁场会影响各相吉布斯自由能的大小,进而影响相稳定性,磁场也会影响相变动力学,改变具有不同磁性能相的生成形貌。外加磁场能够使固态相变过程发生变化,从而影响材料的组织及性能。关于这方面的理论解释应从原子层次入手,逐渐深入电子层次,并设法在原子、电子层次重新解释固态相变的发生过程,与已有磁性理论相结合来解释所得实验现象[35]。

6.4.9 磁场下的 Fe-C 相图变化及磁场对相变产物的取向作用

相图在材料的研究中是必不可少的,特别是 Fe-C 相图,它对研究相变、凝固和结晶等有着重要意义。目前,研究者通过理论分析得出强磁场对相图有三种影响:一是共析含碳量增加,A_1 温度升高;二是提高了 A_3 温度,由于渗碳体的居里温度远低于 A_1 温度,故认为磁场不对 Acm 构成影响,相反,磁场使共析成分中的含碳量增加,反而会降低共析钢中的渗碳体的析出量,即对渗碳体的形成有抑制作用;三是提高了碳在铁素体的溶解度。

在铁磁性相中形成的体积为 V 的顺磁性 γ 核心(晶)可被看作铁磁性基体中的"磁空洞",等价于磁晶体中的洛伦兹洞。这些"磁空洞"的集合所起到的作用就像一个具有各向异性的磁偶极子相互作用的多体体系:与磁场方向平行的一对核心彼此吸引,中心连线与磁场方向垂直者则相互排斥,从而表现出沿磁场方向的链状分布。这个模型是由磁性流体中磁场诱发粒子定向排列现象推导而来的。磁偶极子的相互作用与流体中非磁性的聚苯乙烯粒子的性质相同,只不过这种相互作用产生于固体钢中,在组织的形成过程中会涉及原子的扩散。如果这种固体钢中的相互作用存在的话,那么,具有相当体积分数的链状组织在晶体学上应表现出一定的择优取向,然而经电子背散射衍射(EBSD)或取向成像显微技术(OIM)测量分析,两种钢中铁素体晶粒的晶体学位向都未表现出任何织构。关于这种定向排列的铁素体晶粒为何会缺乏择优织构,有研究者解释为限制形核位置的晶体学位向具有空间上的随机分布,且铁素体的各向异性能可能并未显著到可加强其沿易磁化轴的生长,故缺乏铁素体的择优取向。

在研究 $\gamma \rightarrow \alpha$ 及获得金相组织的实验中发现,磁处理前未经滚压的试样并无明显的链状特征,唯有先共析体的细化,只有在磁处理前经过滚压件的组织,才表现出明显沿磁场方向的链状分布及细化。由此人们推测,要形成取向排列的组织,须有大量的形核位置存在。而在 $\alpha \rightarrow \gamma$ 逆转变中,原马氏体中大量存在的固有界面提供了大量的形核位置,故对逆转变而言不必预先通过热变形来提供形核位置。国内开展的 42CrMo 钢在磁场作用下发生连续冷却相变,观察到较低冷却速度(10℃/min)下,铁素体与珠光体沿磁场方向(平行于轧制方向)定向排列,认为是磁场对相变的动力学影响与热轧导致的不均匀变形两者共同作用的结果,铁素体主要形成于较高温度,以在奥氏体晶界形核为主。而在较高冷却速度(46℃/min)下,因在较低温度的晶内及晶间形核导致了极为均匀分布的等轴状组织。与均匀磁场处理的试样组织相比,在最大磁场强度为 12 T 的梯度磁场下,Fe-0.25%C 连续冷却相变产物中铁素体组织的定向排列更加明显。

目前有关 γ/α 相变已经得出的结论有:磁场明显改变了 $\gamma/(\alpha+\gamma)$ 相平衡,

使 A_1、A_2 温度升高,增加了铁素体的体积分数,使形核率增大,组织均匀化、细化;因磁处理前试样大多经过了极大的变形,在具有定向排列组织的试样中并未表现出明显的晶体学取向[36]。

6.4.10 对液固相变的影响

金属凝固是最常见的相变之一,也是最常见的液固相变,凝固涉及传热、传质、形貌转变等过程,磁场对这些物理化学过程的修正,对无凝固过程会产生重要的影响。磁场是具有一种特殊能量的场,这种能量作用在物质上可以改变其微观结构,从而影响物质的物理化学性质。而流体的宏观性质与分子的势垒、分子内聚力(即吸引力)等性质有很大关系。溶液经磁场处理后,分子势垒、分子内聚力发生变化,必然引起流体的宏观性质变化,从而影响溶液的结晶过程,对于铁磁性材料的凝固和结晶,较低的磁场就能产生较明显的作用。由于热扰动,非铁磁性物质在普通强度磁场中受到的磁作用很小,但在强磁场中磁作用就不可忽视。如研究者在研究强磁场下的 Bi-Mn 的共晶凝固时发现 MnBi 颗粒的定向排列发生在凝固初期,当颗粒生长到一定尺寸时,其定向作用反倒不明显,说明晶体生长过程受到强磁场的作用。初步分析表明,强磁场影响了液固界面处原子或原子簇的行为,从而改变了结晶长大过程,造成组织改变。

一般来说,由于各向异性的存在,在凝固初期施加磁场能使析出相磁化率大的轴沿磁化方向排列及伸长,呈现强烈的单轴各向异性。

6.4.11 相变材料

相变材料是指在一定的温度或温度范围内,通过吸收或释放大量潜热发生固液相变的一类材料。相变材料可以在恒定的温度下实现大容量的热量储存或释放,具有储热密度大、传热损失小、结构紧凑、工作稳定等特点,可有效解决工程实践中热量的供给和使用在时间、空间和量级上不匹配的问题,在太阳能利用、电网削峰填谷、建筑节能和室温调控、冷链物流、航天器热防护、动力电池热管理和电子器件热控等领域得到了广泛应用,尤其是在电子器件热控领域,基于相变材料的热控技术可应用于周期性发热器件或功率波动器件的温度控制。相变热控技术是一种被动式冷却技术,它利用相变材料在熔化过程中吸收大量潜热而温度保持不变的特性来抑制芯片温升,防止其在工作过程中发生过热损坏。当芯片停止工作后,相变材料将吸收的热量释放到周围环境中并凝固,为抵抗下一次热冲击做好准备[37]。

在相变材料中,相变储热材料是一个重要研究对象。相变储热材料在温度变形过程中不仅具有保存热量大、单位体积储热多、吸热放热过程恒温、工作性能强等优点,设计的辅助设施也都不复杂,微小、规划轻松、操作易于掌握等,处理起来和整理起来都非常自如。最吸引人的地方是,在其保存热量的整个时间跨度范围内,可以粗略地认为温度没有变化,利用这个特征能够把握整个物质的热量情况。例如,从硬质的结构转为流态的时候,材料熔化,系统吸收了很多的热量;接着,材料温度降低,系统已有的热量要转移到系统的周围,物质从流态转换到硬质的结构。这两个环节转换吸收或者转移排出的热量就称为相变潜热。尽管物体在不同的状态,其热量的状态变化不大,可以忽略不计,但吸收和排出的热量差别不小。相变材料的诸多优点使之成为目前最主要的储热应用材料之一[38]。

6.5　磁场对纯铁及铁基合金各相的影响

6.5.1　磁场对纯铁吉布斯自由能的影响

对于铁磁材料,吉布斯自由能包括化学自由能和磁性自由能。因为纯铁 γ 相是非磁性相,很难被磁化,所以它的磁性自由能可以忽略。但是在外磁场下, α 相不论是在铁磁状态还是顺磁状态都是容易被磁化的,并且保留一定的磁化强度。

随着外磁场的加入, α 相的磁化强度增大,居里温度提高,这就必定会影响内磁场磁性自由能。通过分析计算可以得出外磁场下纯铁 α 相的内磁场磁性自由能和外磁场磁性自由能随着温度的升高而增大,随着磁场强度的增大而减小。这是因为温度的升高使得原子热运动加强,搅乱了原子排列的有序性,从而使体系变得不稳定,磁性自由能增大。而磁场作为冷物理场的作用恰恰相反,它能使原子排列更趋于有序性,加强原子磁矩之间的交换作用,使体系变得更加稳定。外磁场对纯铁 α 和 γ 两相吉布斯自由能之差的影响如图 6.6 所示(设 γ 相的吉布斯自由能值为 0)。

从图 6.6 中可知,随着外磁场强度的增大, α 相的吉布斯自由能值越来越低, α/γ 转变点 a、a_1、a_2 和 b、b_1、b_2 逐渐接近,这说明磁性自由能的降低使得 α 相区扩大,变得更稳定。当磁场达到一定强度时, α 和 γ 两相已经没有转变点, γ 相消失,如图 6.6 中 $H=70$ T 的情况。

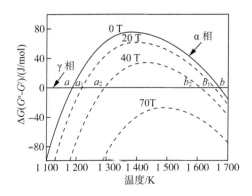

图 6.6 外磁场对纯铁 α 和 γ 相的吉布斯自由能之差的影响[39]

6.5.2 磁场对纯铁及铁基合金的 α/γ 相平衡的影响

纯铁及铁基合金的 α/γ 相变是典型的固态相变,受到金属材料研究者的普遍关注,而相图可用来描述不同成分合金相的状态,其中相分数随温度变化的图解提供了相变的基本规律,对实际热处理过程具有指导意义。因此,研究磁场对相图的影响是磁场下相变研究的一个重要组成部分。

由于外磁场可以影响磁性相的自由能,所以它也势必对高温下铁基合金从 FCC 到 BCC 结构的转变产生作用,这也同样是母相和新相之间存在着较大的磁化强度差别所致。磁场对相平衡的影响可以表现为磁场下相变温度的变化、α 相区的扩大。Fe-C 相图的 α 和 γ 相平衡的计算结果已有文献报道,但都没有考虑外磁场对内磁场自由能的影响,因此计算结果会有所偏差。

6.5.3 磁场对纯铁中 α/γ 相变温度的影响

纯铁是典型的磁性材料,但是在通常情况下不显示其铁磁性。纯铁在居里温度以下虽然能够发生自发磁化,但是从统计理论出发可知,磁畴取向各个方向,所以宏观表现为无铁磁性。而在外磁场下,其磁畴转向外磁场方向,就会显示出强烈的铁磁性。

研究者对纯铁在外磁场下的相变温度做了研究,实验表明,有、无外磁场时的相变温度之差随着磁场强度的增加有所提高,并且利用分子场理论及居里-外斯方程的计算结果与实验值进行比较,结果显示计算的相变温度要低于实验值。后来又有研究者在对相变温度进行研究时考虑了外磁场对 α 相内磁场自由能的影响,该自由能可以促使相变温度提高;他们还对纯铁中 α/γ 的相平衡进行了研究,发现相变温度随着磁场强度的增加越来越接近,当磁场强度到达一定值时,γ

相将会消失，这意味着此种情况下从高温向低温冷却的过程中，不存在 α/γ
相变[39]。

参考文献

[1] 胡秋波. 磁相变合金中相关磁效应的研究[D]. 南京：南京大学，2017：1.

[2] 李喜. 强静磁场下二元合金凝固行为研究[D]. 上海：上海大学，2009：1-8.

[3] 胡秋波. 磁相变合金中相关磁效应的研究[D]. 南京：南京大学，2017：1-2.

[4] 刘永生. 磁场诱导 MnBi 体系的磁各向异性与自旋重取向相变研究[D]. 上
海：上海大学，2005：6.

[5] 郑虹. 关于固态金属相变的探讨[J]. 鞍山师范学院学报，1995(2)：15-16.

[6] 徐春媛. 微型固定点相变特性的研究[D]. 西安：西安工程大学，2017：7-9.

[7] 方宇明. 外磁场对铁基合金中相变热力学及动力学的影响[D]. 厦门：厦门
大学，2007：52-53.

[8] 周源. 高熵合金在强磁场中凝固过程的研究[D]. 沈阳：沈阳理工大学，
2014：11.

[9] 李喜，任忠鸣，王立龙，等. 强磁场对 Bi-6％Mn 合金中 MnBi 相形态和相变
的影响[J]. 金属学报，2006(1)：77-82.

[10] 游志强. 稳恒强磁场下钢中贝氏体相变和碳化物析出稳定性的热力学机制
[D]. 武汉：武汉科技大学，2020：19.

[11] 李传军，任忠鸣. 强磁场下相变研究进展[J]. 上海：上海大学学报（自然科
学版），2011，17(1)：22-23.

[12] 刘永生. 磁场诱导 MnBi 体系的磁各向异性与自旋重取向相变研究[D]. 上
海：上海大学，2005：8.

[13] 苑轶，李英龙，王强，等. 强磁场对 Mn-Sb 包晶合金相变及凝固组织的影响
[J]. 物理学报，2013，62(20)：1-8.

[14] 李传军，任忠鸣. 强磁场下相变研究进展[J]. 上海：上海大学学报（自然科
学版），2011，17(1)：24.

[15] 周晓玲. 磁场下中碳硅锰钢的扩散型相变研究[D]. 昆明：昆明理工大学，
2009：1.

[16] 刘永生. 磁场诱导 MnBi 体系的磁各向异性与自旋重取向相变研究[D]. 上
海：上海大学，2005：1-2.

[17] 励志峰. 强磁场下 AZ91 合金固态相变行为研究[D]. 上海：上海交通大学，

2008:1-2.

[18] 孟兰. 中碳合金钢高温相变的晶体学分析[D]. 昆明:昆明理工大学,2015:15-43.

[19] 李传军,任忠鸣. 强磁场下相变研究进展[J]. 上海:上海大学学报(自然科学版),2011,17(1):24-25.

[20] 方宇明. 外磁场对铁基合金中相变热力学及动力学的影响[D]. 厦门:厦门大学,2007:5-7.

[21] 赵辉. 强磁场下硅锰铸钢等温珠光体相变研究[D]. 昆明:昆明理工大学,2010:5-6.

[22] 方宇明. 外磁场对铁基合金中相变热力学及动力学的影响[D]. 厦门:厦门大学,2007:9-10.

[23] 冯路路. 合金元素及强磁场对高碳钢珠光体相变及微观结构的影响[D]. 武汉:武汉科技大学,2021:14-15.

[24] 游志强. 稳恒强磁场下钢中贝氏体相变和碳化物析出稳定性的热力学机制[D]. 武汉:武汉科技大学,2020:2-4.

[25] 董宝奇. 低温贝氏体钢的力学性能及其强磁场下的相变[D]. 武汉:武汉科技大学,2019:42-44.

[26] 游志强. 稳恒强磁场下钢中贝氏体相变和碳化物析出稳定性的热力学机制[D]. 武汉:武汉科技大学,2020:38-48.

[27] 励志峰. 强磁场下 AZ91 合金固态相变行为研究[D]. 上海:上海交通大学,2008:24-30.

[28] 方宇明. 外磁场对铁基合金中相变热力学及动力学的影响[D]. 厦门:厦门大学,2007:41-43.

[29] 周珍妮. 稳恒强磁场对 Fe-0.28%C-3.0%Mo 合金相变及碳化物析出的影响[D]. 武汉:武汉科技大学,2008:95.

[30] 孟兰. 中碳合金钢高温相变的晶体学分析[D]. 昆明:昆明理工大学,2015:46-49.

[31] 周珍妮. 稳恒强磁场对 Fe-0.28%C-3.0%Mo 合金相变及碳化物析出的影响[D]. 武汉:武汉科技大学,2008:102-105.

[32] 冯路路. 合金元素及强磁场对高碳钢珠光体相变及微观结构的影响[D]. 武汉:武汉科技大学,2021:12-13.

[33] 刘永生. 磁场诱导 MnBi 体系的磁各向异性与自旋重取向相变研究[D]. 上海:上海大学,2005:71-75.

［34］李传军. 磁场下金属凝固过程形核与生长的差热分析研究［D］. 上海：上海大学，2011：23-25.

［35］王西宁，陈铮，刘兵. 磁场对材料固态相变影响的研究进展［J］. 材料导报，2002，16(2)：25-27.

［36］赵辉. 强磁场下硅锰铸钢等温珠光体相变研究［D］. 昆明：昆明理工大学，2010：5-6.

［37］周珍妮. 稳恒强磁场对 Fe-0.28%C-3.0%Mo 合金相变及碳化物析出的影响［D］. 武汉：武汉科技大学，2008：95.

［38］黄昕. Mg-Cu-Zn-Al-Si 多元合金相变材料储热性能的研究［D］. 武汉：武汉理工大学，2014：5.

［39］方宇明. 外磁场对铁基合金中相变热力学及动力学的影响［D］. 厦门：厦门大学，2007：31-40.